国家出版基金项目
NATIONAL PUBLICATION FOUNDATION

改变世界的航天计划丛书

开天辟地——阿波罗登月计划

徐大军 编著

陕西新华出版传媒集团

未来出版社

图书在版编目（CIP）数据

开天辟地：阿波罗登月计划 / 徐大军编著. —西安：
未来出版社，2019.6
（改变世界的航天计划丛书）
ISBN 978-7-5417-6750-0

Ⅰ．①开… Ⅱ．①徐… Ⅲ．①月球探索–普及读物
Ⅳ．①V1-49

中国版本图书馆 CIP 数据核字（2019）第 096458 号

改变世界的航天计划丛书
GAIBIAN SHIJIE DE HANGTIAN JIHUA CONGSHU

开天辟地——阿波罗登月计划

KAITIAN PIDI——ABOLUO DENGYUE JIHUA

策划统筹	王小莉
责任编辑	王小莉
出版发行	陕西新华出版传媒集团　未来出版社
地　　址	西安市丰庆路 91 号　邮编：710082
电　　话	029-84288458
开　　本	720mm×1020mm　1/16
印　　张	11.75
字　　数	160 千
印　　刷	陕西金和印务有限公司
版　　次	2019 年 8 月第 1 版
印　　次	2019 年 8 月第 1 次印刷
书　　号	ISBN 978-7-5417-6750-0
定　　价	29.80 元

前言

晴朗静谧的夜晚，仰望星空，总会令人充满好奇与遐想。中国古人看到夜空横跨的亮带，会浪漫地想象那是"天河""银河"，"河"的两边住着七夕才能相会的牛郎与织女；看星移斗转，会感慨"天河悠悠漏水长，南楼北斗两相当"；看月圆月缺，不仅有"海上生明月"的思和"千里共婵娟"的愿，也有嫦娥奔月的凄和美……

明朝时，有一个被封为万户的人——陶成道，不再满足于神话传说和诗句里对于苍穹的认知，而是把自己和火箭绑在椅子上，双手举着两只大风筝，想凭借火箭的推力和风筝的升力，成为世界上第一个飞天的践行者。但遗憾的是，他没有成功，却为此献出了生命。

到了20世纪，在航天先驱齐奥尔科夫斯基、戈达德和奥伯特开创性理论和研究工作的引领下，"飞天揽月"终于有了实现的可能。于是，人类这个地球的"婴儿"，集中巨大的财力、物力和人力，用新科技不断尝试着突破走出地球"摇篮"，走向更深邃的太空。

于是，一项项纪录被创造，被刷新，这才有了人类航天史上一个个壮举——

阿波罗登月，堪称人类科学工程技术史上的奇迹。在10年的时间里，开展了一系列的太空任务，最终完成载人登月。

空间站的建立，是航天工程另一伟大成就。它为人类利用太空资源、探索长期在太空生活的可能性，发挥了重要的作用。

而这两项成就都离不开重型运载火箭，因而，研制百吨级运载能力的重型运载火箭，成为各航天大国最重要的长期发展计划。

航天造福人类最生活化的体现，莫过于全球卫星定位导航系统的应用。除了给日常带来的便捷，它在军事、经济等领域的巨大价值更不用说了。

习近平总书记指出，"探索浩瀚宇宙，发展航天事业，建设航天强国，是我们不懈追求的航天梦。"我国的载人航天计划 1992 年才正式启动，但航天人艰苦奋斗、勇于攻坚，不断开拓创新、无私奉献，终于完成了神舟飞船载人遨游天际、航天员出舱、"天宫一号"和"天宫二号"载人空间实验室、嫦娥探月等高科技项目。不久的将来，我们还将建立自己的长期有人值守的空间站，并逐步发展载人登月技术。航天事业的发展从来没有坦途，我国的载人航天也历经挫折，但这阻挡不了砥砺奋进、勇往直前的中国航天人。

未来，人类将会进一步探索太空，将活动空间拓展到更加遥远的星球，这些重任将由正在成长的青少年们去完成。

航天科普作品对于普及航天知识、提高大众科学素养有着重要的意义，对于青少年树立正确的价值观与科技报国的远大抱负，也有着不可低估的作用。因此，我们编写了《改变世界的航天计划丛书》，第一辑选取阿波罗登月计划、空间站计划、重型运载火箭计划、卫星定位导航系统计划，以及我国的载人航天计划。书中以这些计划为线，将航天时代背景、历史事件、人物、航天器研制等内容有机地联系在一起，给读者一个全景式的展示。通过阐述航天活动对人类发展的影响与改变，让读者更深刻地了解航天发展的意义和必要性，看到我们和航天强国的差距，紧起直追。

近年来，我国有不少专家积极投身科普创作，在此特向航天科普领域的杰出代表黄志澄研究员、庞之浩研究员、邢强博士等人致敬。

在众多航天科普作品中，本丛书实为沧海一粟；而本丛书的作者相对来说，还是"新兵"，但在这条路上，我们并不孤单。本丛书撰写过程中，得到了北京航空航天大学宇航学院何麟书教授、蔡国飙教授、杨立军教授、李惠峰教授等的大力支持与鼓励，在此一并表示感谢。

限于作者水平，以及航天知识与历史事件的庞杂，书中难免存在梳理不当、文不达意之处，恳请广大读者批评指正。

徐大军

2019 年 6 月

目录

第**1**章
关于月球的遐想

>>>

1.1 "我们在宇宙中心"

天文学家托勒密

克罗狄斯·托勒密（约90~168），生于埃及的希腊人。罗马帝国时期著名的天文学家、地理学家、占星学家和光学家。公元2世纪，托勒密提出了自己的宇宙结构学说，即"地心说"，认为地球居于中心，日、月、行星和恒星围绕着它运行。这个学说影响很大，直到16世纪哥白尼的"日心说"发表，它才被推翻。托勒密的主要代表作有《地理学指南》、《天文用表手册》和《光学》等。

在天文学家托勒密生活的时代，有关宇宙知识并不是人所共知的常识，真正关心这些的也只是那些有闲情和闲智的极少数人。作为其中的佼佼者，托勒密选择继承了亚里士多德的部分宇宙观，并给出了自己的宇宙模型。

在托勒密的模型里，地球处在宇宙中心，静止不动，外部有不同的层，其他星体在各自的层上围绕地球旋转。这个模型应用了几何学，能较准确地推算星体的位置，在那个需要依赖天象来确定海上航行方向的时代，这个模型的出现是人类的一大进步。

托勒密的地心模型形成于公元2世纪，此后的一千余年里得到了广泛的认可与应用。不过到了14世纪，基督教会力量十分强大，地心模型也曾不被教会认可。但某些宗教人士将地心学说和神学全面结合，对亚里士多德的论述和托勒密

🎧 托勒密的地心说模型

托勒密的地心说模型经过发展之后，在现代天文学中依然有所应用，天球的概念在星体运行的计算上也非常实用。对于托勒密而言，这个模型的最大意义就是能提供符合天象观测数据的推算。可是后来地心说理论的发展却有悖于他的本意，而且他的理论甚至他本人都为此背了黑锅。

的著作都有所引用。一时间，地心说成了钦定的学说，但凡否定地心说的也等于否定教会神学，学术圈感受到了学术被强权支配的恐惧。

因此，在之后很长一段时间里，人们听到的只有那来自教会的唯一声音：我说地球是宇宙中心，你敢不信吗？

宗教的强权给地心说蒙上了一层阴影，甚至相当长的时间里每每提到地心说，总让人自动地把它和强权压制联系在一起。然而，这对于一个在一千多年里无数次证明了自己价值的理论是不公平的，对于其开创者也同样不公平。

1.2 哥白尼：我不信

尼古拉·哥白尼（1473~1543），是文艺复兴时期波兰的天文学家、数学家、教会法博士。

哥白尼自始至终都是一个虔诚的天主教徒，可他用科学的观察否定了天主教会毫无根据却又影响深广的旧有知识，提出了日心

🔊 天文学家哥白尼

说，更正了人们的宇宙观，改变了人类对自然的看法。

他经过多年的观察和计算，完成了《天体运行论》，但是他害怕遭到教会的迫害，迟迟没有发表，直到临近古稀之年才决定将它出版。1543年5月24日，生命垂危的哥白尼收到《天体运行论》的样书，一小时后，他便与世长辞了！

哥白尼的书对伽利略和开普勒影响巨大。他俩又启发了牛顿，使牛顿有能力确定运动定律和万有引力定律。从历史的角度来看，《天体运行论》是当代天文学的起点，也是现代科学的起点。

作为"业余天文学家"的哥白尼根本不会想到，在自己生命最后一天才出版的心血之作《天体运行论》，会对人类产生那么巨大的影响。

哥白尼用多年的实践，加上对数学与天文学方面知识的学习和研究，对托勒密的地心说模型有了很深的理解。然而，他却发现地心说模型在一千多年来虽然一直有所改进，一代代天文学者也对其修修补补来加以完善，可越来越多的补丁让这个理论越来越复杂臃肿，而有些天文现象却始终无法解释。

哥白尼意识到，对于天文学不断观测到的新现象，如果继续靠修补托勒密的学说来加以解释，是一条死路，必须建立一个新的模型才有可能真正解决问题。建立新的模型需要有足够的数据作为支撑，于是在修习教会法的同时，这个虔诚的宗教信徒穿着教袍开始了天文学的新探索，开始研究"离经叛道"

的新理论。

　　作为数学家，哥白尼在几何学上有很高的造诣。通过对天体观测得来的数据进行分析，哥白尼认为天体的分布与运动并不是以地球为中心的，太阳才是中心，绕着地球旋转的只有月亮，其他行星在各自的轨道上绕着太阳旋转。哥白尼据此建构了日心说模型。

　　采取新模型的计算简单准确，其结果达到了全新的高度，包括对恒星年时间和地月距离的计算。之后，哥白尼曾在罗马做过一系列演讲来阐述自己具有非凡创举的新观点。演说并未受到教皇的反对，教会对哥白尼的学说也并未表明态度，但哥白尼深知自己已然处在风口浪尖，陷进了教会权力斗争的旋涡里。

　　哥白尼理论的手稿名为《天体运行论》，他一直拿在自己手里。他知道，如果书稿出版后遭到教会的明确反对，那么自己的心血之作将成为未来祸端的"罪证"，自己本人也会成为牺牲品，所以直到他病重临终前，书稿才正式出版。

　　不过出版之后多年，这本书却并没有引起多大反响，因为书中的运算与模型大多数人看不懂，也没有引起教廷太大的注意。

　　直到第谷·布拉赫、开普勒和

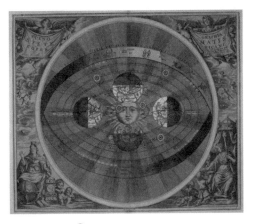

⊙ 哥白尼的日心说模型

伽利略这些科学家对天文学理论进行了更多的发展，日心说才得到了更多人的理解和支持。后来，望远镜的诞生也将天文观测水平推进到了新的高度。1616年，罗马教廷将《天体运行论》列为禁书，此举让这本书彻底名声大噪。

　　新的日心说理论推翻了古老的地心说，但依靠实际观测数据来构建并完善理论模型的思想却和托勒密一脉相承。

　　书中其实也存在一些概念错误与混乱，但瑕不掩瑜。

　　科学与信仰在哥白尼身上实现了和解。这本书的出版，成就了一次天文学上的革命，极大地改变了人类的宇宙观：地球不再是宇宙的中心，地球与其他绕日行星处在平等的地位。

1.3 "月球人"——开普勒的梦

开普勒是德国杰出的物理学家、天文学家和数学家，但是因为俸禄不够开销且常常欠俸，开普勒只好顺便做些占星的工作来赚取外快。虽然他本人从没觉得占星学靠谱，但占星的收入是稳定且丰厚的。作为使当时人类肉眼观测天体达到极限的天文学家第谷·布拉赫的助手，开普勒继承了第谷的书稿、数据和工作。

当时的人们不可避免地思考一些觉得难以解决的问题：地球上有人类这种智慧生物存在，其他行星上会不会也有类似的生命体？作为近邻的月球，是不是有"月球人"……

作为新天文学的开拓者，开普勒也在思考这些问题。除了专业著作外，他还写了一部有关月球旅行的科幻小说《开普勒的梦》来记录自己的想象。

书中故事发生在开普勒睡梦中读到的书里：

一个青年向天文学家第谷求教关于月球的知识，他从第谷和其弟子那里确实学到了很多知识。五年后，青年返回家乡探望母亲，母亲为他学到了新知识感到高兴。然而令青年惊奇的是，母亲对月球的了解远远超过了那些天文学家们，他急忙询问母亲这些知识是谁传授的。母亲告诉他，那是一些非常聪明的精灵，它们讨厌其他地区的亮

在小说《开普勒的梦》中，开普勒仍然保持了一位科学家的严谨，在叙述幻想故事的同时，也将最新的科学知识融入其中。书中故事发生的时间选择在 1608 年，而事实上望远镜就是在这一年被发明出来的。

开普勒生前并没能完成《开普勒的梦》这部小说，最后由其儿子完成出版，此书将理性的思考、严谨的知识和浪漫的想象结合在了一起。作为近代第一部太空科幻小说，《开普勒的梦》的出版也为小说家们开辟了新的写作领域。

光和吵闹的人们，于是只在天黑后降临人间和人们交谈并传授知识，最神奇的知识就是关于月球的。

之后，青年通过自己的母亲见到了精灵，接受了精灵传授的知识并成功到达月球。

开普勒借精灵之口描述了月球及其天体现象、地月关系和行星周期等，最后甚至提到了月球人。只是描述得比较模糊，说月球居民们生长很快，寿命却很短，并且有不同的生命类型，行动时有用脚的，有用翅膀的，大部分都能潜水，在水中生活。

许多人解读《开普勒的梦》时认为，书中的精灵就是指望远镜，1608 年也是一个暗示。自从有了望远镜，人类对天体的观测能力大大提升，探索宇宙的最好老师或许就是望远镜。

开普勒的月球幻想小说《开普勒的梦》的封面

1.4 到月球去

天文学的革命为幻想小说提供了新的内容，太空幻想小说的第一个黄金时代由此到来。17 世纪法国作家、探险家切拉诺·德·贝尔热拉所著的《月球之旅》是其中的典型代表。书中描写了许多有趣的月球冒险情节以及对飞行方法的设想。

其中的一个方法是身上绑着磁铁，手里拿磁铁向上抛，把自己吸上去之后继续抛磁铁，如此反复就能够让自己"飞"在空中。事实上，这个想法就像"揪着辫子把自己拎上城墙"一样荒诞。但是书中描写的其他方法却足以使人眼前一亮：使用燃烧着火药的机器使自己被反推上天空，焰火燃尽后机器开始坠落，但是自己却由于月球的吸引继续上升。身

🔊 凡尔纳小说《从地球到月球》不同年代的封面图

体突然不由自主地掉了个儿,而且各部位也没了重量。

这一部分的描述中,先是使用了燃烧带来的反冲力使自己升空,而这其中包含的作用力与反作用力的原理,半个世纪之后才由牛顿阐释清楚。而后面对于失重的体验也有非常真实的描述,不禁让人疑惑,这位放荡不羁的探险家究竟对自己做过什么?

科学幻想总要以科学技术的发展为依托。17世纪后期,天文学得到了大发展,对地月距离有了更精准的测量,观测结果也显示,月球表面没有人们想象的那么美好。同时,牛顿力学体系得以建立,人们逐渐认识到,天文学的计量尺度远远超过了人类的想象,去月球旅行的美好设想变成了有趣的笑谈。

18~19世纪,科学技术在第一次工业革命中蓬勃发展,太空幻想小说也迎来新的繁荣。这一时期幻想作品的科学目的更加明显,内容和风格有了很大改变,对克服引力与维持通信措施的思考也有所增加。其中影响最大的小说就是儒勒·凡尔纳的《从地球到月球》。

书中,巴尔的摩大炮俱乐部的成员因为厌烦太平安宁的无聊日子,于是决定干一番大事业:向月球发射一颗炮弹(后来又升级成空心炮弹),载着探险家去冒险。最终发射出去的炮弹载着三位探险者飞向月球,却因为一些意外的原因没能降落在月球上,而是绕月运行。炮弹中的三人干脆将危险置之度外,仔细地观察月球并作了许多笔记。

小说出版后风靡世界,但开放式的结尾让读者很不过瘾。众多读者提出担心冒险家们的安全,强烈要求凡尔纳撰写续篇,于是续集《环绕月球》很快诞生。书中,在人们的共同努力下,三位冒险家成功返回地球并降落到太平洋里。

凡尔纳的作品中,有关科学技术的想象受到当时技术水平的限制,也存在一些错误,但为后人所称道的是书中的设想几乎在后来被一一实现了。《从地球到月球》与《环绕月球》中描述的登月场景与一百多年后的阿波罗登月有许多相似之处。这里有一个有趣的对比：

⊙ 凡尔纳小说《环绕月球》各种版本的封面图

对比项目 两次登月	《从地球到月球》	阿波罗 11 号
宇航员人数	3	3
航　速	10 972.80 米/秒	10 830.46 米/秒
航　时	97 小时 13 分	103 小时 30 分
降落地点	太平洋中相距十几千米	
发射地点	佛罗里达卡纳维拉尔角	

　　跨越两个世纪，凡尔纳的设想与阿波罗登月竟然有如此多的相似之处，这大概是只属于凡尔纳的奇迹吧。

　　凡尔纳的作品中，故事的塑造从来都不是重点，科学技术的真实性与相应的大胆预测才是其真正的特色。为了完成自己的科幻小说，凡尔纳大量搜集并学习了数学、物理学和天文学的知识，小说中的许多数据都经过了仔细的计算和论证。

　　书中的人物与作者本人也有很多相似的特点：他们都有着对冒险的渴望和对科学技术的执着。作品中人物坚强的性格和远大的理想更是影响并激励了一代又一代的读者。

　　航天先驱齐奥尔科夫斯基曾说过，第一颗太空飞行思想的种子是凡尔纳的科幻小说播下的，并给了他确定的方向。后来，齐奥尔科夫斯基的那句名言："地球是人类的摇篮，但人类不可能永远被束缚在摇篮里"，成了航天人共同的座右铭。

第2章 月球的真面目

>>>

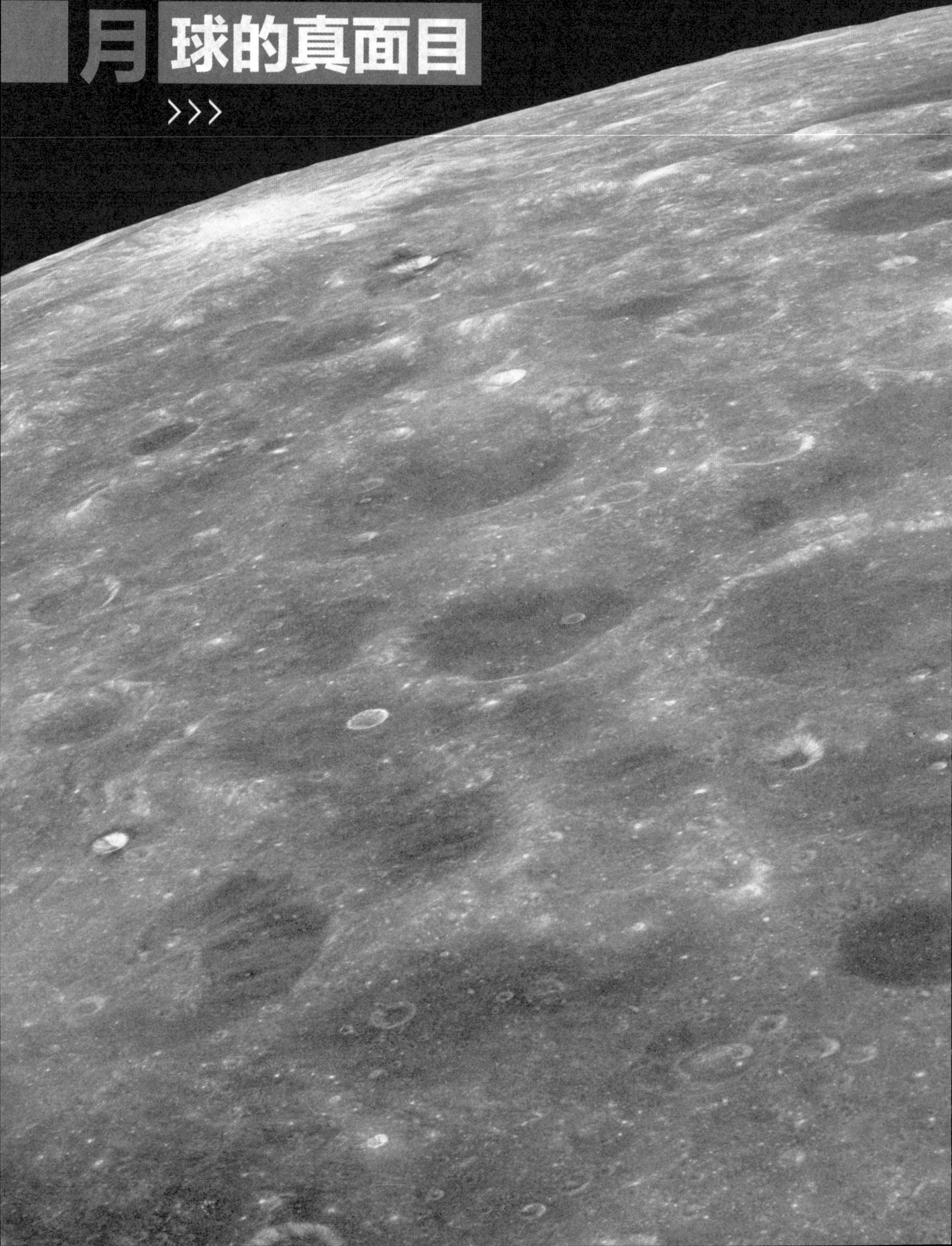

2.1 地球的伴侣

对人类来说，浩瀚宇宙中的星球有太多的奥秘，即使对于我们赖以生存的地球，也仍然有太多的谜题没有解开。对于月亮，人类掌握的知识则更为稀少，这使月亮愈加显得神秘。这颗亿万年来默默环绕着地球旋转的星球，一直"观看"着地球上发生的一切：物种开始起源，生态发生变迁，文明开始兴起……

地球诞生已有 46 亿年的时间，在某一刻，月球成了地球的卫星，就再也不曾离开。

这个地球最忠实的伴侣，有着太多的谜团，其中最大的一个就是：月亮从何而来。

解释月球起源的学说有很多种，并且仍然在不断地发展和完善中。目前学术界最主流的学说是撞击说，也叫大碰撞假说。这个假说认为，46 亿年前地球在形成之初并没有月球这样巨大的卫星，地球还是很原始的能量与物质，表面布满岩石和岩浆。一个与火星大小相当的原行星（行星的初期形态）与那时的地球发生了碰撞，碰撞产生的巨大能量使地球的一部分脱离出去。这些物质一部分散落至太空，其余的碎片并没有脱离地球的引力，而是在绕地轨道上逐渐稳固收缩，形成了今天的月球。

按照这个理论，当时发生碰撞的两个星体，一个有现在地球的 90% 大小，一个有现在火星的大小。这个大小比例所带来的角动量符合当前地月轨道状态，碰撞抛出的物质也足够形成月球。

研究者为那颗撞击地球的原行星取名为忒伊亚（Theia），希腊神话中月亮女神塞勒涅（Selene）之母。

对这次碰撞进行计算机仿真得到的结果显示，碰撞时产生了巨大的

🔼 月球碰撞形成理论示意图

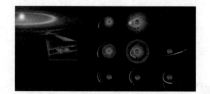

🔼 月球俘获形成理论示意图

能量，可能有数万亿吨的物质被气化或者熔化，地球上的某些地区温度甚至会高达 10 000℃。碰撞能量带来的高热将一些不稳定的物质挥发了出去，并且形成了岩浆海洋。最初的月球绕地轨道只有现在的十分之一，两个星体互相影响，改变着各自的角动量，月球轨道开始旋转着扩大，直到地月之间产生潮汐锁定，相对位置才得以稳定。

撞击说成功地解释了很多观测现象，因此得到了较多人的支持。除此之外，还存在着其他一些假说。

其中一个叫作俘获说。这种假说认为月球原本是一个独立的星体，其运动与地球并无关系。但是运行轨道出现了与地球十分接近的位置，在足够接近地球时被地球引力俘获而成为卫星。不过通常这种因为引力而改变了轨道的两个星体，最终

的结果要么是仅仅改变了轨道互相掠过，要么就是被吸引而逐渐接近最终发生碰撞。若能够俘获月球成为地球卫星，需要早期的地球外部存在范围相当大的大气层来为月球减速。然而靠着未知的大气就将月球成功捕获为行星，需要的运气成分可能就太高了。在其他一些问题的解释上，这个假说同样遇到了困难，比如两个星球相同的氧同位素比例，这是人们无法忽视的现象，仅仅称其为巧合这也太牵强了。对于两个曾经完全不相干的星球，这个现象的概率可以当作零。

另一个假说叫作分裂说。这个假说认为，地球在早期自转速度远高于现在，且处于熔融状态。赤道地区的物质在高速旋转中脱离地球

🔼 月球分裂形成说理论示意图

本体，冷却后形成后来的月球，而地球上的太平洋就是因为月球的脱离产生的。这个假说早期虽然有过很多支持者，但是在大陆漂移理论出现之后，人们确信太平洋是由于大陆板块的运动产生的，而不是由于部分物质脱离地球。

如果说脱离的部分是板块漂移之前发生的，也仍然有解释不了的问题：月球上土壤和岩石的年龄与这个假说所说的不相符，月球的物质组成也和地球表层并不相同，完全不像是分裂出去的部分。

由于有越来越多的现象与这个假说不一致，现在它已被多数人抛弃。

比较知名的说法中还有一个叫作同源说。这个假说认为地月更像是兄弟关系，在太阳星云凝聚过程中一同诞生，形成过程较为相近。在此后的凝聚过程中，两颗星体产生月球绕地球的关系。这个假说认为太阳星云在形成行星时与太阳的距离直接影响了物质凝聚，但是地球和月亮的形成有先后顺序，地球的金属核心吸附了足够多的物质之后，剩余的物质形成了月球。假说试图解释地球和月球物质之间的异同，但是该假说却无力解释地月角动量的形成与地月相对运动特性。

关于月球起源的研究一直没有停止，主流假说的补充或者新的假说时常出现。2011年提出的一个理论认为，45亿年前存在第二个月球，只是不久后就和第一个发生了碰撞，这才形成了现在的月球。2013年出现一个新的假说，认为月球实际上是被地球从金星那里"抢过来"的。

对于月球起源的探讨与研究一直没有定论也一定不会停止，未来的探月科研也许能带来新的佐证。

地月同源说理论示意图

2.2 无风之地

月球是一个从不刮风的地方。原因很简单，月球表面根本没有大气层。

早在 1647 年，德国天文学家海威留斯发表了自己的巨著《月图》，里面详细绘制了他观测到的月面图。根据观测到的现象，海威留斯认为月球上缺少大气。此后的观测者们则辅以更多的证据加以证明。

月球本身的质量是 7.349×10^{22} 千克，只相当于地球的 1/81。质量小意味着引力也小，没有足够的引力将气体分子吸附住，大气层也就无法形成。至少从应用的角度上，月球表面等同于真空环境。

但如果从严格的意义上分析的话，月球表面还是有极其微弱的大气的。但是直径为 3476.28 千米的月球，整个表面的大气总质量也不到 10 吨，气压也只有地球表面标准大气的 $1/10^{15}$。从这层稀薄气体中已经探测到的元素包括碰撞带来的钠、钾，太阳风带来的氦、氖，以及月

🚀 科幻作品中，月球居民在荒凉的月球上遥望地球家园

在月球上看到的地球

壳和月幔中元素放射性衰变释放出的氩、氡和钋，甚至还有月球表层土中升华产生的水蒸气。

月球大气中的这些成分无法稳定地留在月球表面，太阳风掠过时还会把被电离的成分带走，稀薄的表层气体在不断地流失与生成。因为没有自身的循环，也就没办法生成稳定的大气层，寂静的月球表面只有这些微弱的气体成分和撞击升起的月球尘埃。

由于缺少大气层，再加上月面物质的导热率和热容都很低，月面昼夜温差非常大。白天阳光直射的地方温度可以超过120℃，夜晚又可以降到−180℃，是真正的冰火地狱。

2.3 月球的"山海经"

人们经过多年的观测，为了方便描述，月球表面不同的区域也有了不同的命名。分类中常见的是山和海。叫作"海"并不是因为真的有水，而是因为早期观测月球时发现有明显的明亮区域和阴暗区域，天文学家们以为阴暗的地方有水存在，区域广阔可能是海洋，其实这是月面上较低洼的平原。虽然名不副实，但足够用于区分，"海"的命名也得以保留。

在 22 个月海中，最大的一个是风暴洋，其面积约为 500 万平方千米。月海多为圆形或者椭圆形，周围被山脉包围封闭。类似月海的其他地区，会以"湖"、"湾"和"沼"来命名。这些地区属于低洼地区，类似于盆地。对于其形成有两种说法：一种认为是小型天体撞击使玄武岩岩浆溢出而形成；另一种认为是月球自身的岩浆喷发导致。

🔊 风暴洋是月球上最大的月海

除了月海，月球上另一种知名的地貌特征叫作环形山。环形山遍布月球，直径从 10 千米到上百千米，最大的是位于月球南极的贝利环形山，直径达到了 295 千米。

有关环形山的形成与月海的形成，理论上有些相似，也有撞击说和火山说。

环形山数量众多，人们索性选择用知名天文学家或其他学者的名字对环形山进行命名，于是就有了哥白尼、第谷、开普勒等环形山。

以中国人名字命名的环形山也有多座,例如:石申环形山、张衡环形山、祖冲之环形山、郭守敬环形山、万户环形山、李白环形山和高平子环形山等。

↑ 石申环形山

与月海相比,明亮许多的区域被称为"月陆"。通过同位素的测定显示,月陆比月海古老得多,代表了月球表面真正最古老的特征。

月陆上存在着有别于环形山的山脉,山脉的命名常常与地球上的著名山脉相同,比如高加索山脉、亚平宁山脉。山脉两侧的差异很大,通常一侧十分陡峭,另一侧则很平缓。

↑ 郭守敬环形山

与地球一样,月球也有裂谷,通常是月面上弯弯曲曲的大裂缝,统称为"月谷",细小的则称为"月溪"。

此外,月球表面还有由地表扩张形成的沟壑——地堑等。

↑ 阿里亚代乌斯月溪

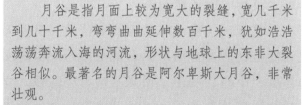

月谷是指月面上较为宽大的裂缝,宽几千米到几十千米,弯弯曲曲延伸数百千米,犹如浩浩荡荡奔流入海的河流,形状与地球上的东非大裂谷相似。最著名的月谷是阿尔卑斯大月谷,非常壮观。

月溪是指月面上细长的裂隙,类似于地球上的溪流,通常有数千米宽,数百千米长。月溪的形态可分成三种:蜿蜒月溪、弓形月溪、直月溪。研究月溪对于研究月球的发展史具有很重要的意义。

↑ 普林茨陨石坑附近由火山活动形成的月谷

2.4 看不到的另一面

　　月球的神秘感除了因为它处在近到方便观测却又远到难以触及的位置，还有一个原因是，月球一直以来都只以一面面对地球，另一面我们则无法直接看到，有人称其为"月球暗面"。实际上对月球来说，其表面各处都会不断地经历两周白天与两周夜晚，不存在永远黑暗的一面。

　　地球的潮汐力减缓了月球的自转速度，于是月球的绕地公转和自转的周期相等，均为 27.32 日，所以始终以一面朝向地球。这个现象叫作潮汐锁定。

　　月面近端和远端两个半球的地貌有很大的不同。近端有许多大型的月海覆盖，月海的面积达到了近端半球总面积的 31.2%。远端月海则少得多，只覆盖了 1% 的面积。一个被广泛接受的解释是近地一侧有更多的产热元素，导致了更为频繁的玄武岩岩浆喷发。但是，月球远端表面有更多明显的环形山，其成因并不是由于远端被小型天体撞击的次数更多。事实上，月球两侧遭受撞击的频次是相当的。此现象则更可能是近地一侧有更多的岩浆活动，覆盖或者模糊了许多环形山。

　　因为月球背面受到遮蔽而接收不到来自地球的无线电传输，有些天文学家则认为这是建立无线电望远镜的良好场所，利用自然的地形建立一个如同波多黎各的阿雷西博般大小的、碗形、固定不动的望远镜。口径更大、直径达到 100 千米的望远镜计划建造在接近月球背面中心的代达罗斯，并且高高的山脊可以有效阻绝来自轨道上卫星的噪声。另一个潜在的无线电望远镜候选场地是沙哈坑。但在月球背面部署无线电望远镜之前，有几个问题必须克服，如月球的微尘会污染设备等；使用在无线电望远镜上的导电材料必须要仔细地遮蔽，以防止受到太阳闪焰的影

阿波罗 16 号拍摄到的月球背面

响；望远镜所在的地区必须要受到保护，以防止被其他无线电源污染，等等。

直到 20 世纪 50 年代晚期，人们对月球背面的认知依然很少。由于月球轨道为椭圆形，当月球处于近日点时，它的自转速度便追不上公转速度，因此我们可见月面东部达东经 98°的地区。相反，当月球处于远日点时，自转速度比公转速度快，因此我们可见月面西部达西经 98°的地区。这种被称为天秤动的现象让我们得以一瞥很有限的月球背面的边缘地带。但是这些地带都以低角度出现，阻碍了有效的观测（这样的观测很难确认一个环形山的范围）。背面仍有 82%的表面是在未知的状况下，并且其特性完全未被探测过。

经由天秤动可以看见月球背面地形的一个例子是东方海，这是一个突出的撞击盆地，跨度几乎达到 1 000 千米，但直至 1906 年才被德国天文学家命名。这个盆地的真面目直到 1967 年才被月球轨道器 4 号拍摄到。

1959 年 10 月 7 日，苏联的太空船月球 3 号传回月球背面的第一张照片中，东方海是解析出的 18 个地形之一，涵盖了三分之一从地球上看不到的部分。经过影像分析后，苏联科学院在 1960 年 11 月 6 日出版了第一份月球背面地图，它包含了 500 个可分辨的景观特征目录。一年之后，苏联以月球 3 号传回来的数据为基础，制作了第一个月球仪（比例为 1 : 13 600 000），包含了从地球上无法看见的月球背面地形。

1965 年 7 月 20 日，另一艘苏联太空船探测器 3 号传回 25 张画质非常好的月球背面照片，分辨率比月球 3 号的高出许多。特别可贵的是，它们显示出长数百千米的链状陨石坑。1967 年，苏联科学院在莫斯科出版了第二份月球背面地图，以探测器 3 号传回的资料为基础，目录中包含了 4 000 个新发现的月球背面地形。同年，苏联发布了第一份完整的月面图（比例为 1:5 000

苏联制作的月球仪模型

从阿波罗 8 号和阿波罗 10 号一直到阿波罗 17 号的所有宇航员都曾看到过月球的背面，并且拍回了许多照片。太空船在飞近月球背面时，和地球连接的无线电通信会暂时中断，必须等到飞出轨道之后才能恢复通信。阿波罗太空船在执行任务过程中，在月球背面的时候服务舱的主引擎必须重新点火，因此在太空船重新出现之前，地面控制中心都会非常紧张。

000）和修订后的月球仪（比例为 1∶10 000 000），呈现了 95%的月球表面。

苏联的太空船在发现月球背面地形方面做出了许多杰出的贡献，因此，苏联的科学家赢得了对于这些地形的命名权。这引起了一些争议，国际天文联合会于是保留了大部分的名称，并稍后依此建立起月球背面地形的命名规则。

人类首度亲眼看见月球背面是在 1968 年的阿波罗 8 号执行任务时，宇航员威廉·安德斯的描述如下："背面看起来像我在孩提时玩过一段时间的沙堆，它们全都被翻起来，没有边界，只是一些碰撞痕和坑洞。"

阿波罗 8 号拍摄到的月球背面

第3章

我们选择登月

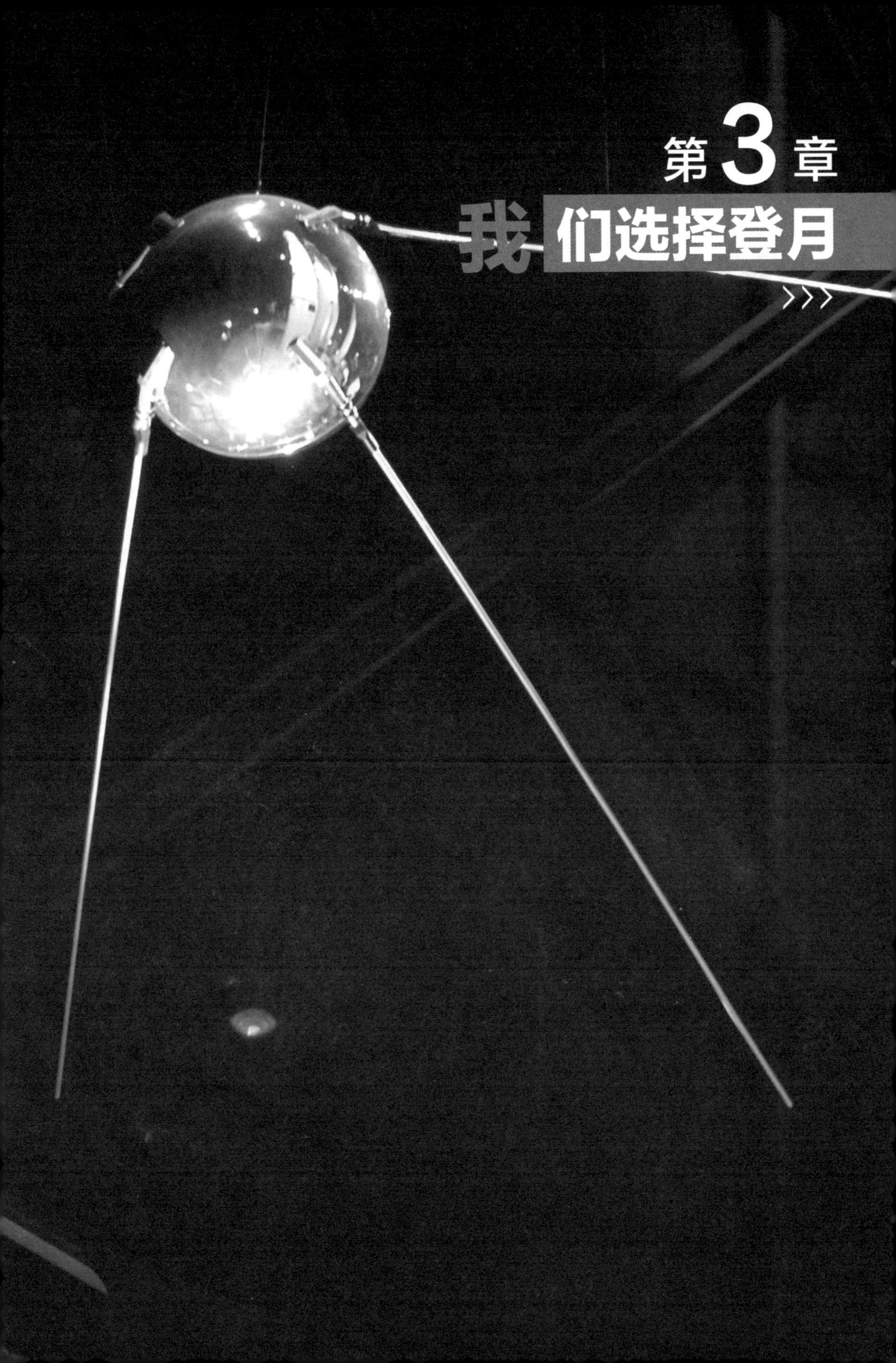

3.1 瓜分遗产

⬆ 现存于美国国家航空航天博物馆的 V-2 导弹

V-2导弹的德语全称是Vergeltungswaffe-2，意思是报复性的武器-2。导弹是依靠自身动力装置推进，由制导系统引向目标的武器。V-2 导弹是德国在 1942 年研制的第一种弹道导弹,是火箭技术进入到一个新时期的标志 ，最大航程 320 千米。

1944 年，纳粹德国已经颓势尽显，在多个战场节节败退。元首的愤怒感染到帝国的每一个人，然而此时决定胜败的不是空吼，"黑科技"才是王道。原子能成为武器还是没影儿的事，但是纳粹德国手里还是有一项"黑科技"——这就是导弹技术，其中最有名的是 V-2 导弹。

V-2 导弹的上一款 V-1 导弹会按照设定好的航程进行攻击，但是定位精度不高。而改进型的 V-2 导弹增加了导引陀螺仪及无线电导引装置，精度得到了极大的提高。

纳粹德国将 V-2 导弹打靶实验的靶标选在了英国伦敦市区。1944 年 9 月 8 日，德国发射了一枚 V-2 导弹并成功命中伦敦市区，此后，恐惧开始在同盟国的居民间蔓延。

尝到了甜头却又在主战场上难以支撑的德国，由此更加相信自己的这一"黑科技"的巨大威力。于是就继续让 V 系列导弹带着复仇的火焰进攻盟军，并且期待以此能扭转德军在战场上的溃败。

几个月的时间里，英国在 V-2 导弹的轰炸中遭受了很大的损失,但这与德国扭转战局的愿望仍旧相去甚远，因为导弹的储备已远远不足。

弹道导弹的优越性及潜力极大地吸引了盟军强国的注意力。此时战争已经接近尾声，英美苏三国讨论如何分配战后成果的会议悄悄地召开了，《雅尔塔协议》随之出炉。按照《雅尔塔协议》规定，V-2导弹的主要生产厂所在地将受苏联管辖。

苏联相信这些"黑科技"已经妥妥成为自己的囊中之物，但美国和英国却心有不甘。美国干脆制定了"回形针计划"，目标就是要夺取德国导弹的技术资料、产品以及技术人员。德国投降后，执行该任务的美军阿尔索斯突击队，仅仅用了十天时间就运走了大批V-2导弹和仪器资料，最重要的是带走了大批专家。与此同时，英国也在其中捞到不少油水。

随后到达的苏联军队发现V-2导弹工厂已经空空如也，大为恼火，提出了抗议，但是英美置之不理。无可奈何之下，苏联干脆搬走了整条生产线，组织本土的顶级专家开始研究火箭技术。

没能为纳粹德国改变战局的导弹技术，却成了留给盟军各国政府的宝贵遗产，新的竞技也随即开始。

⬆ V-2导弹给伦敦市区带来的巨大破坏

雅尔塔会议（又称克里米亚会议）是第二次世界大战即将结束之际，于1945年2月4日至2月11日在黑海北部克里米亚半岛的雅尔塔皇宫内，由美国、英国和苏联三个大国首脑富兰克林·罗斯福、温斯顿·丘吉尔和斯大林参加的一次秘密会议。会议确定了二战后的世界新秩序以及战胜国如何进行利益分配。这次会议对战后世界历史的发展产生了极其深远的影响，决定了直到今天许多国家的命运与发展方向。

⬆ 美军抢先一步运走了大量V-2导弹

⬆ 所剩无几的V-2导弹零部件

3.2 强者的角力

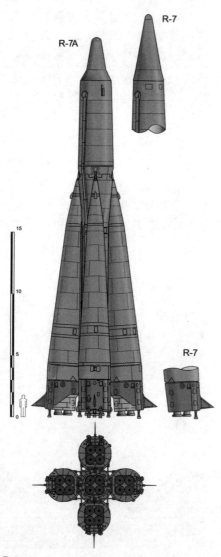

苏联的 R-7 导弹，世界上第一款洲际弹道导弹

在二战的尾声，美国向日本投下了原子弹，巨大的破坏力让人类看到了这种超级武器令人震惊的威力。仅仅四年后，苏联也成功引爆了自己的第一颗原子弹。

如果仅仅是一方掌握这种超级武器，人们不会感到恐惧，反而是相信力量，也相信道义。然而当两个互相角力的强大对手都有了这种毁灭性的力量时，恐惧才真的开始蔓延——谁也不知道对方会做出什么。这恰恰是一种微妙的制衡。

用超级武器毁灭对方，从来都不是美苏两国的目的，拥有这种力量本身就已经是目的了，这是新的竞技场的入场券。

二战初期，美国总统罗斯福就已经在思考战后世界的秩序问题，基本原则就是维护美国的最大利益，建立理想的世界秩序。罗斯福在《罗斯福的世界蓝图》中讲述了对战后世界格局的设想，其中大国的合作尤其是美苏的合作最为重要。为了维护世界和平，强国要联手承担世界警察的义务。

罗斯福的继任者杜鲁门没有选择前任的政策，而是针对苏联采取了"坚定的态度"，但并不是要和对方撕破脸皮。杜鲁门的真正意图是要让苏联让步，在合作中承认美国的主导地位。斯大林也是个暴脾气，服软的事坚决不干。战后德国与东欧问题的解决协议，就在这些国家的互相争吵和讨价还价中签订了。随后，"冷战"在丘吉尔的"铁幕演说"后拉开序幕，双方的角力正式开始。

由于美苏两国距离遥远且都疆域辽阔，虽然有了核武器，但如何高效地使用仍然是一个问题。这时，从德国抢来的 V-2 导弹技术发挥了作用。通过对 V-2 导弹技术的改进，实现拥有携带核弹头的远程打击能力，成为苏联研制新武器的思路。苏联将自己的导弹命名为 P 系列，在近程弹道导弹和中程弹道导弹相继研制成功之后，远程火箭的难题很快也得到解决。代号 P-7 导弹（西方称之为 R-7 导弹）采用了多燃烧室两级液体火箭的结构，并试射成功。

然而，在美国感受到威胁急忙加速研发洲际导弹时，苏联却突然将研究重心移开，研制并发射了人类第一颗人造地球卫星——斯普特尼克 1 号，提前进入了太空竞技场。

斯普特尼克 1 号又称卫星一号，1957 年 10 月 4 日在苏联拜科努尔航天中心发射升空，是人类第一颗人造卫星，由苏联火箭专家科罗廖夫利用导弹改制而成。卫星为铝质球体，直径 58 厘米，重 83.6 千克，有 4 根鞭状天线，内装有科学仪器，它的用途是通过向地球发出信号来提示太空中的气压和温度变化。它在轨道上度过 3 个多月，围绕地球转了 1 400 多圈，最后坠入大气层消失。

斯普特尼克 1 号是航天启蒙时代的产物，是冷战时期太空竞争开始的标志。

苏联发射的人类第一颗人造地球卫星斯普特尼克 1 号（Sputnik 1）

3.3 美国陆军被踢出局

　　美苏两国都拥有了核武器与洲际运载工具之后，太空便成了新的赛场。苏联在太空赛场上取得了多项第一，不过也并没有把美国拉开多大距离，毕竟两者的技术都师承德国，起点差距不大。

　　被美国俘获的原纳粹火箭技术核心专家——冯·布劳恩曾在文章中对未来的太空技术作出过很多大胆的展望。他认为应用液体火箭技术可以制造出超高速飞机，可以商用或者军用，由于速度极快，当时的防御手段都会失效；可以设计用来载人的多级火箭，实现将人类送入太空，在地球之外建立观测平台，进而建立空间站；液体火箭的发展甚至可以将人类送至其他行星。

　　冯·布劳恩曾是纳粹党员，他的工作就是研究液体火箭技术，为纳粹制造最具杀伤力的武器。在 V-2 导弹的研制与生产车间，纳粹动用了大量的集中营劳工，累死的劳工数量甚至远远超过这些导弹作为武器在战场上杀死的人。冯·布劳恩每天目睹着这一切，没人知道这位火箭专家、航天事业最狂热的推动者，当时是怎样的心情。后来他在美国，面对成为战犯或是成为研究太空技术的美国公民，他果断地选择了后者。投诚之后，这位科学天才虽然仍然受到美国陆军的管束，但终于可以安心做自己的航天梦了。

　　对于航天技术的发展，冯·布劳恩非常谨慎。他认为想要在航天技术上领先苏联，首先要达到苏联的水平，长期稳固的国家计划不可或缺；美国的航天计划中用不到大型发动机，但为了击败苏联，大型发动机的研发必须得到重视；年轻一代需要有足够的机会去实现在航天技术上的成长。

冯·布劳恩的努力推动了土星系列大型运载火箭的诞生。为了进一步获得支持,此后的三年时间里他继续到处游说,并强调大型运载火箭的军事意义。但是很多人认为当时军事用途的运载火箭已经足够成功,土星系列火箭并无多少优势。为了避免自己的航天梦搁浅,冯·布劳恩改换策略,提出了以前一直不被看好的登月问题。他通过陆军的一个研究委员会提交了自己的计划,宣传在月球上建立军事基地的重要性。

⬆ 冯·布劳恩于 1964 年 5 月在其马歇尔空间飞行中心办公室内(其身后为土星火箭模型)

之后,进阶版的地平线计划经由陆军部长交给国防部长,又交给了宇航局局长。计划中在月球建立基地的目的则变成了:显示美国在科技领域的领导地位;在太空中作为科研实验室与深空发射基地及太空通信中转站;为其他太空活动提供紧急降落点与安全救生点以及导航。

该计划的实施先后需要制造土星火箭 149 枚,总耗资约为 60 亿美元。

⬆ 美国宇航局的官方印章

⬆ 美国宇航局的标志

美国国家航空航天局（英语：National Aeronautics and Space Administration，简称 NASA），又称美国宇航局、美国太空总署，1958 年 7 月 29 日创立，是美国负责制订、实施太空计划，并开展航空科学暨太空科学研究的一个行政性科研机构。它是目前世界上最权威的航空航天科研机构，领导实施项目包括阿波罗登月计划、太空实验室、空间站以及航天飞机等。

1958 年 7 月，美国宇航局创立，不久后就曾提出将冯·布劳恩以及陆军弹道导弹局划归自己，美国陆军果断拒绝了。于是在 1959 年，时任美国总统艾森豪威尔直接下令将冯·布劳恩调到美国宇航局任职，并成立了马歇尔太空飞行中心。

美国陆军对大型运载火箭的研究一直热情高涨，但国防部却对陆军的非军事必需的研究项目不感兴趣。为了让这项科研能够继续下去，土星运载火箭的研究计划随后也一起作为"嫁妆"给了美国宇航局。

就这样，最早研制大型运载火箭并且有完整登月计划的美国陆军，在太空科技的研发中彻底出局了，而冯·布劳恩则可以投身到纯粹的航天事业中，追求自己的目标。

3.4 阿波罗计划的提出

冷战开始后，美苏两国在航天领域的投入都十分巨大，然而铆足了劲的苏联人显然更胜一筹，在多个方面都领先于美国。苏联发射了第一颗人造卫星之后，美国的多个军事、科研部门都提出了航天领域的规划，希望能扳回局面。但这些计划更接近于技术人员的科幻情怀，具体怎么实施却没有清晰的思路。

运载火箭由于具有军事上的需求，因此在美国得到了迅速发展，陆军弹道导弹局研制的土星系列运载火箭更是具有卓越的性能。因此，冯·布劳恩等人提出的登月构想也具备了足够的技术基础。

当时，美国宇航局局长格伦南等人听取了冯·布劳恩和助手关于陆军弹道导弹及运载火箭的研制情况报告。按照冯·布劳恩的设想，未来的火箭要能够完成多种任务，而对运载能力要求的终极目标就是载人登月。为了实现运载火箭的大运载能力，飞行器上装置多发动机的方案也得到了应用，制造出了多发动机并联的运载火箭。按照冯·布劳恩的估计，到1967年春，美国将具有把人送上月球的能力，登月过程则先是实现载人环月飞行，之后实现载人登月。说到具体的登月方法，他提出了五种可能：一种是直接登月，但是对运载能力的要求可能非常高；另外四种是在月球轨道上进行交会，这些方案可能更具有可行性。

登月的构想得到了美国宇航局局长格伦南的赞赏。但是他认为载人登月的计划还需要更具体的规划，而且要以当时更为基础的航天计划为依托，而当时正在执行的航天计划是水星计划。

水星计划的目标是：

第一，发射载人航天器并在地球轨道运行；

第二，考察太空对人类活动和生理机能的影响；

第三，让宇航员和航天器平安返回。

⊙ 美国宇航局首任局长格伦南博士

这是一个对载人航天技术目标有限且中规中矩的渐进发展计划，但是对于积累基础技术十分关键。

同一时期另一个重要的计划就是对大推力的F-1火箭发动机的研究。为此，格伦南向艾森豪威尔总统提交了国际航天运载工具计划，阐述了大推力火箭发动机对航天长远发展的重要性。不过对于航天的长远发展目标，格伦南并未详述，因为载人登月计划还有许多更具体的问题需要探讨，而且研究机构的专家们也并未统一过意见，此时贸然向总统提出，很有可能适得其反。水星计划与火箭发动机的研制计划作为短期而且基础的项目，科研价值直观可见，获得批准与资金支持都较为容易。

宇航局从各航天中心抽调专家组成了太空任务组来推进水星计划。太空任务组讨论了水星计划有限且短期的目标之后，认为宇航局应该有足够长远的计划用以"扩展人类知识，发展并运行适合于搭载生物进行太空飞行的飞行器，为科学和人类生活的利益进行长期的研究"，由此载人航天飞行指导委员会应运而生。但委员会对未来航天规划的讨论较为保守，研究的主要项目是水星计划和弹道航天飞行器计划。

此时，宇航局航天飞行办公室主任乔治·洛就提出，宇航局不应拘泥于当前这些短期的计划，而是应该构思更为远大的目标，比如核

🔴 冯·布劳恩站在登月用的运载火箭旁，该火箭采用多个并联的 F-1 大型火箭发动机

能动力火箭与载人登月。

他的观点得到了一部分人的认可，但大多数人认为目标不应太大，一步步推进最为恰当。最终大家讨论出了一个未来计划发展顺序：机动载人轨道飞行器—轨道空间站—载人环月往返飞行器—月球轨道飞船—载人登月—行星探测—火星、金星着陆。

计划方向制定好之后，乔治·洛开始了针对载人登月的宣传游说。在他看来，航天的发展需要远大的目标，这个目标必须足够有吸引力，这对于培养公众对航天的支持以及获得政府财政拨款都至关重要，而这个目标最合适的就是载人登月。而且对于宇航局列出的发展计划序列而言，载人登月计划可以使轨道空间站及后续的计划一并实现。

游说的结果是委员会的会议不再讨论载人登月的可能性，而是转而研究载人登月的具体方法——载人登月终于被列入了美国宇航局的发展计划。

在向政府提出计划提案前，航天飞行规划办公室主任西尔维斯坦建议使用"阿波罗"来命名。阿波罗是古罗马神话中的太阳神，这就足以体现出载人登月计划的伟大。

1960 年 1 月 4 日，宇航局正式

🎧 阿波罗计划的任务标志

确认阿波罗计划将作为水星计划的后续计划，即阿波罗计划将尽最大可能利用水星计划的成果。这样，未来飞船的技术要求更加清晰：能够完成载人环月飞行；能够完成各种载人地球轨道飞行任务；能够适应由土星运载火箭发射，不经过轨道补给完成长达14天的飞行。

然而，登月计划的推进却并不顺利。虽然美国宇航局高层对载人登月计划十分坚定，但很多在研究中心工作的科学家们却提出了异议。一方面是载人登月在技术上难度过大，有可能会成为烂尾的项目；另一方面是载人登月的科学意义受到了质疑。美国国防部和宇航局的高层们却坚决不愿看到美利坚合众国在航天领域继续落后于苏联，当对手自称太空的麦哲伦时，自己却只能当观众。争执的双方最终选择了折中的方案：计划的目标为载人环月飞行而不是载人登月飞行。

应该说，这对于宇航局的高层来说已经是阶段性胜利了，因为载人环月飞行适当改动即可升级为载人登月飞行，在合适的时候再往前推进一下，阿波罗计划仍然可以顺利而完整地进行。

在航天系统内部对阿波罗计划的态度趋于一致之后，1960年7月28~29日，美国宇航局和工业部门在华盛顿召开了联合计划会议，阿波罗计划首次向外界公开。乔治·洛向参会者说明了计划内容，也明确表示阿波罗计划已经经过了慎重的研究讨论，切实可行，也会有足够的回报，而且对更长远的计划意义非凡。他邀请工业界的代表以合同的形式参与飞船的设计和研究。不过最后他做了解释，这项计划还没有得到官方的支持。

事实上，这个时候载人绕月飞行的阿波罗计划的相关报告已经提交给了艾森豪威尔总统，总统派出科学顾问详细研究计划的目标、任务和成本。顾问委员会调查之后认为美国宇航局提出的1970年利用土星火箭实现载人绕月飞行的计划是有可能实现的，不过对于载人登月，现有的运载火箭还不能胜任。

报告对载人航天计划的成本估

计是：水星计划将会耗资 3.5 亿美元，载人绕月飞行计划将会耗资 80 亿美元，而载人登月计划将在此基础上再增加 260~380 亿美元。艾森豪威尔总统以及科学顾问们都认为这么巨大的开销并不值得，而且总统任期将满，这种影响巨大的决策还是留给下一任总统比较明智，于是他明确表示不会签字。

虽然总统并不支持，美国宇航局仍然决定坚决推进阿波罗计划，执行者就是阿波罗计划的忠实拥趸乔治·洛。1960 年 10 月，阿波罗计划的第一次工作会议召开。到 11 月时，会议上讨论的内容已经具体到了飞船的重量，12 月时，提出了

阿波罗计划的日程表：1967~1968 年完成载人绕月飞行；1969~1970 年完成载人登月飞行。

1961 年 1 月，工作组的成果得到了格伦南的认可，工作组升格成正式的委员会。

在推进科研计划的同时，宇航局于 1960 年末已经在和对应的厂商签订可行性研究的合同，被选中公司开始为期六个月的可行性研究。

然而新的状况又出现了：格伦南的宇航局局长任期已满——新的局长直接关系到阿波罗计划未来的命运，而阿波罗计划能否顺利实施也关系到宇航局的命运。纠缠胶着的状态一时不知从何处突破。

3.5 不懂航天的宇航局新局长

艾森豪威尔总统只批准过宇航局的卫星通信计划，宇航局提交的预算也被预算办公室拼命削减。1960~1961 年的预算增长部分，基本上都用于通信卫星等应用卫星的发展计划。

在总统向国会提交的新财年预算报告中，与载人航天计划唯一相关的只有一句话："在水星计划之后，有必要进行试验和研究以确定是否有充分的科学上的理由扩大未来的载人航天活动"——就连这一句还是航

天局赶在总统发表演讲之前，将总统说服后勉强添加上去的。

很多人相信，如果艾森豪威尔继续担任总统，阿波罗计划估计就要被废止了。而当时正在进行参加总统竞选的肯尼迪则发现，未来的航天计划是竞选中一个绝好的话题，外面有苏联连续实现多项成就，但国内并不重视。于是肯尼迪开始在竞选演讲中多次表明自己对航天计划的支持。

不过，在肯尼迪竞选总统成功之后，却发现巨大的成本给自己带来了压力，而国会成员的两种态度也让自己左右为难，只好选择搁置。

这时，宇航局需要任命一位新局长，然而在继任者的产生过程中却出现了重重问题。副总统约翰逊拟定了17位候选人，但他们全都表示对这一职务不感兴趣。这让总统十分尴尬，于是只好交由科学顾问威斯纳负责此事。威斯纳决定改换思路，找一位航天的局外人担任局长。

最终这个人选锁定为詹姆斯·韦伯。韦伯在政府中工作了许多年，曾任杜鲁门政府预算局局长、副国务卿等职，与许多高层人士都有来往，有很强的组织才能和决策能力。但是在了解情况之后，韦伯发现这个工作不仅不能讨巧，甚至唯一的作用就是得罪人。于是他决定："如果我能体面而得当地不接受这项职务的话，我就选择不接受。"

副总统约翰逊支持载人航天规划，但认为韦伯完全是个外行。出于工作需要，也实在没有别的人选，他还是提出希望韦伯能够接受任命。

韦伯通过交谈，确定了副总统的立场，知道载人航天计划若要顺利进行，肯尼迪总统才是关键。于是韦伯提出，除非总统亲自任命，否则他还是会选择拒绝。

当天下午，肯尼迪接见了韦伯，并提出希望由他担任宇航局局长一职。即使总统在未来不会尽力支持载人航天，这下，韦伯也没有办法"体面而得当地不接受职务"了。

于是，1961年2月14日，拥有法律背景、完全不懂航天的官员韦伯受命出任了宇航局局长。

韦伯上任之后，宇航局上下都对其毫不在意——这些自然在韦伯的意料之内。但这些都不是紧要问题，最需要解决的是载人航天规划的走向问题，这关系着宇航局的未来。

韦伯通常不会直接做出技术上的决定，而是交由技术人员负责，他

詹姆斯·韦伯

詹姆斯·韦伯，美国宇航局第二任局长。1961~1968年担任局长期间，领导了阿波罗计划等一系列美国重要的空间探测项目，取得了卓越的成就。美国宇航局特别将"下一代太空望远镜"更名为"詹姆斯·韦伯太空望远镜"，以纪念他对美国航天事业的贡献。

则通过非技术角度的分析推翻部分技术决定。在朝野混迹多年，也曾作为预算局局长，韦伯选择发挥自己的特长，解决当时载人航天规划中最关键的问题。

在听取了宇航局内部对航天发展计划的汇报之后，韦伯对阿波罗计划十分看好。为了增加政府对载人航天计划的支持力度，并扩大宇航局航天计划的规模，韦伯开始游说。韦伯认为，对于以阿波罗计划为主的航天计划，其技术价值容易估计且数量有限，难以获得足够多的预算拨款；而将航天计划放在更大的国际与国内环境中考量，其价值和意义就会更为巨大，也会获得更广泛的认可。于是韦伯宣称，阿波罗计划的实施将会逐步消除美国与苏联在航天能力上的差距。韦伯在交给预算局的预算申请报告中，直接要求在1962年内对宇航局拨款30.8亿美元，这比格伦南时的预算多了近30%。

艾森豪威尔总统在水星计划之后就不再看好宇航局的计划，各项规划的投入均遭到了大幅削减，后续的计划因此甚至停滞。然而在苏联，充足的资金保证了航天计划的顺利进行，一次次领先世界的成果更是激励着苏联人继续深入发展，并在这个新兴的技术领域中彻底击败美国。

1961年3月22日，肯尼迪总统正式召见了宇航局官员，参会的还有预算局官员与科学顾问等人。宇航局代表详细叙述了阿波罗计划的各项目标：最终要实现的是载多人进行航天飞行，飞行持续时间为14天，登月的目标预计70年代即可实现。

"我们已经感受到他们的努力取得的许多第一并产生巨大影响的事实，他们发射了第一颗人造卫星，考察了月球，拍摄了月球背面照片，向金星发射了大型太空探测器。他们现在具有将7.5吨的载荷送到地球轨道的能力，相比之下我们只能将 2.5 吨载荷送上去。他们成功地将动物送上了太空，在轨道上停留的时间超过 24 个小时。他们目前取得的地位可望在今后进一步取得更加伟大的成就。"美苏在太空探索上的差距让韦伯增加宇航局预算的要求变得更加合理。十年计划中的重要目标是月球和行星探测以及水星计划之后的载人航天计划，作为计划基础的土星运载火箭尤为重要。韦伯又从软性的角度进行了分析，他认为美国的航天计划是促进各国科学家与工程师广泛合作的积极力量，由于航天的要求而产生的对科研与生产制造的推动是潜移默化且更加深远的利益。

肯尼迪对推进土星运载火箭研制的提议表示了支持，但是对阿波罗计划仍然没有明确表态。不过，增加预算的申请得到了总统的批准。

宇航局在成立后不久就遇到了这么多难题，艰难岁月中，韦伯的游说与坚持成了救命稻草。曾经不被看好的韦伯也用事实证明，自己是一位出色的宇航局掌舵人。

对于水星 7 号飞船是否发射，韦伯选择了取消，因为"如果你做了这件事，即使成功了，那也没有什么大不了。但是一旦遭受到挫折，那就很难从失败中恢复过来，载人航天规划可能就会因此而告终"。这是个十分明智的决定。

西方学者查尔斯·默里对韦伯评价道："对詹姆斯·韦伯的任命是肯尼迪政府最有影响的任命……美国宇航局在韦伯身上得到了那种奇怪的华盛顿混合体，政治家和管理者的混合体——一个能够主持庞大机构，知道如何解决所有疑难问题的人，也是一个能够通过手腕或精明的算计，甚至环境需要时，还会借助林登·约翰逊本人的干预来摆布国会拨款委员会的人。从那时起直到 1968 年秋韦伯退休为止，他所起的作用是完全不可缺少的……使美国在 20 世纪 60 年代结束之前登上月球的所有人中，詹姆斯·韦伯居功至伟。"

3.6 举棋不定的总统

在竞选总统的过程中，年轻的肯尼迪曾多次批评艾森豪威尔政府的太空政策。他多次提出美苏两国存在"导弹差距"，正是由于政府在太空政策上的失误导致美国的安全受到了威胁。在演讲中谈及航天政策时肯尼迪总是言辞激烈："苏联正在积极行动，他们有明确的目标，他们知道如何完成这些目标，他们不断地取得进步，而我们在停滞不前。"他说，美国与苏联在太空探索的竞争中，一直在失败。然而控制未来10年的太空有着决定性的意义。如果苏联控制了太空，他们就将控制地球，正像过去几个世纪里那些控制海洋的国家统治着各个大陆一样。在这场关键性的竞赛中，我们不能甘居第二位。为了保证和平与自由，我们必须是第一。

肯尼迪激烈的言辞似乎表明要和苏联开始一场航天竞赛，而美国对未来的胜利则势在必得。这种态度让宇航局和空军备受鼓舞，也激起了美国民众对航天的热切关注。

然而事实上，肯尼迪可能还没有深入了解航天，对于航天科技与经济利益的关系，甚至连政治意义都没有详细考虑。之所以在竞选演讲中不断提到航天，是因为导弹与太空在那个时代最为人们关心。同时在航天的问题上，一方面能够批评前任总统政策，另一方面能够通过自己的雄辩战胜竞选对手。

肯尼迪上任后的第一篇国情咨文在1961年1月30日发表，其中对航天计划只有模糊的概述，不仅没有提到未来的航天发展计划，甚至连当时备受关注的水星计划也没谈多少。

对于美国宇航局，这篇国情咨文绝不是一个好消息。肯尼迪对航天的态度相比竞选时的激进有了很大的转变。面对不断要求提高预算的航天计划，他选择了既不明确支持也不明确反对的态度。

但副总统约翰逊却对航天事业十分热衷，于是肯尼迪决定由副总统约翰逊担任美国航空航天理事会主席，并且表示在和太空相关的政策与决策的制订方面，他会很大程度上依赖副总统。约翰逊也很清楚，自己有义务向总统提供足够的渠道了解航天，争取总统的支持。

与此相反，以威斯纳为主席的总统科学顾问委员会则认为，载人航天飞行计划将会有高昂的花费与巨大的风险，却并不能带来多少收益，这完全是一项哗众取宠的计划，这些花费毫无意义。于是他建议总统对未来的载人航天计划持否决的态度，不要让自己陷入泥潭。甚至建议，停止或不再作为宇宙空间事业的主要目标宣传已经在执行中的水星计划，然后再继续削弱其在国内外对公众的影响。他还认为，美国在火箭方面与苏联存在差距，难以抢在苏联之前实现载人飞船发射，而且宇航员在太空中遇到危险之后难以援救，风险过高。

总统科学顾问委员会的报告得到了肯尼迪的赞许。随后，威斯纳

被任命为科学技术特别助理，这样，将会对总统有更大的影响。这对于宇航局来说绝对是一个坏消息。

支持载人航天的航空航天理事会也同样感受到了危机，于是理事会主席约翰逊借用了肯尼迪竞选时的态度，开始批评妨碍航天政策颁布与执行的高层，称他们盲目拒绝承认美苏之间的太空竞赛，并阻碍了解决对策的执行。控制了太空的国家将会控制整个地球，航天的发展绝不能搁浅。

同样作为航天事业的强力推动者，航空航天理事会执行秘书威尔士的态度则更加直接："我们正在进行一场太空竞赛，拒绝承认这一点是非常愚蠢的。而且这场竞赛绝不是一种乐趣，而是决定一个国家生存和保障它的自由的事情，并且是这个国家维护和增强自由社会的物质和精神利益的事情。面对着迫在眉睫的威胁，我们没有更好的选择。"

面对同样受到信任的双方截然不同的观点，肯尼迪陷入了两难的境地，于是他选择了继续搁置。这场竞赛肯尼迪当然想赢，但是他对庞大的阿波罗计划却并没有足够的信心。

在这种僵持不下的局面中，来自对手的举动为美国载人航天的发展带来了推动力量。1961 年 4 月 10

日，美国得知苏联在拜科努尔发射场竖起了一枚大型运载火箭，它最有可能的用途是载人航天飞行。

美苏双方都开始了焦急的等待，应该说，美国在等待中更加焦急，毕竟只能等到发射之后，才能知道自己又要面临怎样的一轮打击。

尤里·加加林乘坐东方号飞船完成了人类历史上首次太空飞行

尤里·加加林（1934~1968），第一个进入太空的地球人，也是第一个从太空中看到地球全貌的人。

1961年4月12日，莫斯科时间上午9时07分，加加林乘坐苏联东方号宇宙飞船从拜科努尔发射场起航，在最大高度为301千米的轨道上绕地球一周，历时1小时48分钟，于上午10时55分安全返回，顺利降落，完成了世界上首次载人宇宙飞行，实现了人类进入太空的愿望。

他驾驶的东方号飞船成为世界上第一个载人进入外层空间的航天器。

1961年4月12日，加加林乘坐东方号飞船完成了人类历史上首次太空飞行。这个重磅消息引发了全世界的震动，这是整个人类历史上的壮举。实现了这个壮举的苏联则立即抓住机会，发表声明：加加林这次飞行是苏联在科学技术各个方面具有全球领先地位的证据；尽管苏联有能力把这种巨大的优势转化为威力巨大的军事武器，但是出于对和平的爱好还是会主张裁军。

这一时期苏联的最高领导人是赫鲁晓夫，一个有颇多争议但是诸多行为充满喜感的人。在这样的重要时刻，赫鲁晓夫用充满嘲讽的口吻表示：让资本主义国家追赶我们吧。

美国各家报刊对苏联宇航员太空之行进行了全面的报道和评价，而对美国的态度则基本都是失望和沮丧。在1957年苏联率先实现将人造卫星送入太空之后，美国国内舆论已经发生了很大的震动。这一次对公众的刺激虽然没有上一次来得突然而强烈，但接二连三在太空竞赛上的落后还是让美国陷入了被动，很多媒体都明确批评了政府。肯尼迪总统只好默默承受着压力。

《纽约时报》对总统更是毫不客气："总统的想象力被他跟国会打交

道遇到的麻烦窒息了"，"中立国家可能会相信未来的霸主是苏联，即使我们的朋友和盟国也要离去了，我们的影响力正像赫鲁晓夫强烈希望的那样，将变得越来越弱"。

更有报刊登出讽刺漫画，漫画中赫鲁晓夫趾高气扬而肯尼迪则狼狈不堪。

失望的情绪影响着肯尼迪，虽然他并不甘心竞争失利，但他清楚在航天领域想要追上苏联，还需要一段足够长的时间。但媒体和国会已经声如潮水，坚持要看到总统在航天政策上的新举措。肯尼迪承受着巨大的压力，但同时也发现了太空探索的巨大魅力。

于是，肯尼迪立刻要求重新审查美国的航天规划方案，并再次与美国宇航局领导等重新商讨美国的航天对策。

这一次肯尼迪的目的就明确多了，他直接发问：在航天领域我们还能在哪些方面超过苏联？我们能更早实现绕月飞行吗？我们能在苏联人之前实现载人登月吗？

会上，肯尼迪也对航天有了更多的了解，明确了美国在技术上并不落后，落后的只是工程进度与成果。登月计划完全可以在苏联之前实现，在航天领域也只有这一个机会赶超苏联。肯尼迪对载人登月尽管开始充满了热情与信心，但是巨大的投资需求却让他倍感忧虑。

同样承受着巨大压力的还有宇航局的领导们，但是他们看到了阿波罗计划的曙光，为宇航局开展下一步计划带来了可能。

美国宇航局能获得这样的发展机会，也许还得感谢苏联人的步步紧逼。

3.7 我们选择登月

　　强烈支持载人航天计划的副总统约翰逊也积极地为总统承担重任。他先是应总统要求就阿波罗计划提出 1962 年的财政预算，然后于 4 月 20 日与肯尼迪沟通后写下了历史性的备忘录，其中记录了总统最为关心的五个问题：

　　第一，我们是否能通过在太空建立实验室，或通过环绕月球飞行或用火箭在月球着陆，或用火箭载人飞往月球并使之返回的方法来击败苏联？我们是否还有其他的航天规划有希望获得奇迹般的结果从而使我们获胜？

　　第二，它要花费多少钱？

　　第三，对现有的规划我们是不是以每天 24 小时的状态工作？如果没有，为什么？请就如何能够加快工作进度向我提出建议。

　　第四，在建造大型运载火箭时，我们的火箭发动机应当采用核燃料、固体燃料，还是液体燃料，或者以上三者的结合？

　　第五，我们是否正在尽自己最大的努力？我们是否正在获得必需的结果？

　　事实上，这已经表明肯尼迪下定决心执行阿波罗计划了。此后很快，肯尼迪便向外界透露，自己会制订一项重大的计划，这项计划将会为美国带来最好的希望。如果实现在苏联之前登上月球，他就一定会去做。这是他首次表明对阿波罗计划完全支持的立场，也意味着阿波罗计划的推进开始步入正轨。约翰逊则开始着手组织会议，讨论如何加速太空计划。

　　最终在会上，美国宇航局明确指出在把载多人的太空实验室送上轨道这方面，美国是没有机会战胜苏联的，然而在载人绕月飞行上却有胜出的可能。

新上任的美国国防部部长麦克纳马拉与约翰逊一样，是载人登月的坚定支持者。他与约翰逊共同召开了大型的讨论会，参会的这些关键人物基本都是支持载人登月计划的，唯一例外的是科学顾问威斯纳。在他看来，这不是一个科学的计划，而是纯粹的政治决定，只不过借用了科学的名义。肯尼迪总统对威斯纳的观点表示理解，但已不会改变他自己的决定。

约翰逊于1961年5月3日召开了一次大型会议，除了之前的几个部门领导、商界人士之外，还邀请了几位国会议员。会议的目的不再是技术性的探讨，而是阿波罗计划政治上的可行性。换句话说，这次会议是要试探一下阿波罗计划在国会中能有多大的支持率。参会议员表示，只要新计划是为了提高美国的声望，使美国夺取太空领域的领导权，两党议员都会批准放行。

对肯尼迪来说，现在的工作重点不是讨论阿波罗计划是否可行，而是自己已经决定执行阿波罗计划，当前的头等大事就是必须赶在舆论风口过去之前，形成完整的规划，以获得国会的认可。

为了加速推进航天计划，美国宇航局和国防部按照约翰逊的要求，起草了一份备忘录。最终形成的以登月作为新计划中心的报告取名为《关于我国国家太空计划的建议：变化，政治，目标》，报告的别称是"韦伯和麦克纳马拉备忘录"。在这份报告中，他们认为，大型计划的推进需要有效动用大量的国家资源，并且要发展和成功运用多项最先进的技术。在太空领域取得的每一项成就都代表着一个国家的整体技术水平与管理能力。航天领域计划的产生一定会伴随着政治性的因素，反过来航天领域内的每一项重大成就也都会为提高国家声望做出重大贡献。冷战中的美苏两国在国际声望上的争夺是两国较量的重要部分，美国应该争取这个竞争的胜利，以占据冷战时期的主动地位。

在收到报告并召集经济界人士讨论研究登月计划的花费之后，肯尼迪打破了总统一年一度向国会汇报工作的惯例，于1961年5月25日在国会发表了一篇特别国情咨文，来表明在当时特殊环境下，他对美国航天计划意义的看法。他认为：世界正处于自由与暴政的冲突中，美国如果想在这场争夺中胜出并赢得人心，一个重要的工具就是太空探索；最近几周在太空探索中出现的引人瞩目的成就，同1957年第一颗人造卫星发射成功一样，有力地影响着人们的选择。

在肯尼迪看来，是时候让美国开展一项新的、巨大的事业并取得更大的进展，让美国在空间探索上发挥明显的领导作用，这也将是美国成就未来全球政治地位的关键因素。

肯尼迪承认了自己之前在航天的政策上存在失误，也认为苏联在巨型火箭发动机方面处于领先地位的优势会持续相当长的一段时间，并在以后的很长时期通过这种优势产生新的成就。为此，美国需要新的思路与努力。

肯尼迪的态度充分地反映了国会议员们的心态。事实上，在看到苏联在航天领域一次又一次地领先美国之后，许多议员都表达了不满并要求美国宇航局采取有效的措施。议员们的表达方式不同，但观念却保持了一致：

"美国应当对争夺太空第一的目标有新的敏感性。"

"告诉我你（韦伯）需要多少钱，你需要多少我们这个委员会就批给你多少，我对总是在苏联之后居于第二感到厌烦了。我要的是第一。"

"要击败苏联。"

……

议员们的态度让肯尼迪有了足够的信心宣布扩大航天计划的决定。他要求国会除了保持先前对航天计划增拨的款项，还要提供额外的款项来实现两大新目标：

第一个是美国应当努力在这十年结束之前，把人类送上月球并安全返回。这是对空间的长期探索工作中最令人振奋并最吸引人也是最重要的，同时，它也是最难以实现且代价高昂的。

第二个是加速研制新型核火箭。这是美国已经探索了很久的技术性事业，它让美国在将来有希望使用新的手段，发展更加庞大复杂且更加振奋人心的空间探索计划，它将使人类能够探索比月球更远的地方，甚至到太阳系的尽头。

国会在争夺航天领导地位并且战胜苏联这一点上，与政府保持了一致，因此，雄心勃勃的登月计划与庞大的资金预算全都在国会顺利通过。

获得批准之后，宇航局向外界宣布了载人登月这一航天探索的新计划，并同时公布了预算情况与阿波罗计划中需要解决的主要技术问题。阿波罗计划立即引爆了舆论界，对美国以及全世界都产生了巨大的影响。

肯尼迪于 1962 年 9 月 12 日在赖斯大学发表名为《我们选择登月》的演讲，其中说道：

无论我们参加与否，空间探索终将继续。无论何时，它都是一场伟大的冒险，没有任何一个期望领先世界的国家想在这场空间竞赛中止步。我们的先辈使这个国家掀起了工业革命的第一波浪潮，掀起了现代发明的第一波浪潮，掀起了核能技术的第一波浪潮，而我们这一代绝不会甘愿在即将到来的太空时代的浪潮中倒下。我们要加入其中——我们要领先世界。

我们踏上新的航程，为了获取新的知识，为了赢得新的权利，获取并运用权利，应该是为了全人类的进步。

空间科学，正如核科学以及其他技术，本身没有道德可言。

它成为善或者恶的力量，取决于人类。并且只有当美利坚合众国取得一个卓越的地位，才能帮助决定这片新的领域是和平还是成为战争的威胁。

……

在太空还没有竞争、偏见和国家冲突时，太空的危险是面对我们所有人的。太空值得全人类尽最大的努力去征服，而且和平合作的机会可能不会重来。

但是，有些人问，为什么是月球？为什么选择登月作为我们的目标？……我们决定登月，我们决定在这个十年间登月，并且做其他的事，不是因为它们简单，而是因为它们困难，因为这个目标将有益于组织和分配我们的优势能力和技能，因为

1962 年 9 月 12 日，肯尼迪总统在赖斯大学作名为《我们选择登月》的演讲

这个挑战是我们乐于接受的，因为这个挑战是我们不愿推迟的，因为这个挑战是我们打算赢得的，其他的挑战也是一样。

很多年之前，伟大的英国探险家乔治·马洛里（George Mallory）——他死于攀登珠穆朗玛峰——被人问到他为什么要攀登珠穆朗玛峰，他回答说："因为它就在那儿。"

因此，太空就在那儿，而我们将要登上它，月球和其他行星在那儿，获得知识与和平的新希望在那儿。

因此，当我们启程的时候，我们祈求上帝保佑这个人类有史以来所从事的最危险和最伟大的冒险。

谢谢！

在航天领域的计划中，像阿波罗计划这样规模大、耗资高、时间久的，无不伴随着政治的影子。即便这些计划在未来能够带来造福全人类的科学意义，如果没有在政治上的潜在收益，也一样难以推行。人类探索精神的实现必须有社会资源的支撑，这并不是理想与现实的冲突，恰恰相反，这是理想与现实的和解。

第 **4** 章
务 **实的美国宇航局**
>>>

4.1 海陆空三军放卫星

积极参与高新技术研发是美国几大军种历来秉承的传统。率先进行洲际导弹研究的是陆军航空兵，也就是后来的美国空军。

二战结束后，美国空军尚未独立，一直挂着陆军航空兵的名号。经过航空部队几代将领特别是阿诺德将军的呼吁宣传，1947年美国空军才真正独立。

早在1945年阿诺德便已经将冯·卡门等专家聘请为空军顾问，专门研究战后空军装备的发展方向。盟军三国抢夺纳粹的航天科研成果时，冯·卡门受命率领空军顾问团前往德国调查。返回美国后，冯·卡门在名为《我们在哪里》的报告中，对比了美国与德国的科技发展，并指出未来十年内，美国有能力研制出射程达1万千米的弹道导弹。根据冯·卡门的研究，在阿诺德的指示下，尚未独立的空军于1946年4月制定了MX-774计划，用以研发火箭武器，并向研制洲际导弹的目标努力。

在此之前，当时的陆军航空兵司令部与道格拉斯飞机公司签订了"研究与发展"的计划合同，也就是"兰德计划"，旨在让这批研究人员提供可靠的未来发展建议（这就是后来大名鼎鼎的兰德公司的前身）。

兰德小组的第一篇报告《实验性环地宇宙飞船的最初设计》于1946年5月提交。报告论述了对人造卫星的未来预测，但重点并未放在技术上，而是放在未来的影响上。报告认为：

第一，带有某些适当仪器的卫星装置将成为20世纪最有价值的科学工具之一；

第二，美国制造人造卫星的成就将极大地唤起人们的想象力，能够在世界范围内产生不亚于第一颗原子弹爆炸的影响。

报告同时认为，第一个在太空航行方面做出重大成就的国家，将被看作世界科学技术以及军事领域的领袖。后来的事实证明了报告在政治上令人叹服的前瞻性，只不过第一个实现这项成就的是苏联。

在技术上，报告认为以当时所拥有的技术能够实现将一种飞行器送离大气层并使其获得足够的速度，成为地球的卫星。然而如果继续使用单级火箭，以当时使用的酒精-液氧推进剂或是液氧-液氢推进剂都无法使飞行器达到如此大的速度。唯一可行的方法就是使用多级火箭——而四级火箭最为合适。

兰德小组保持了对人造卫星应用价值及应用前景的研究，并产生了多篇报告进行论证阐述。

兰德小组认为人造卫星有多个方面的战略意义：可以作为一个国家拥有的技术奇观，能够引发一段时期的潮流，只是不会太久；可以用来显示美国在技术上的先进优越；可以成为通信工具；可以成为勘测装置，用以获得气象、资源、别国情报；成为政治上的战略工具，在外交上发挥作用。同时指出，在这个领域的研究与发展中，美国的时间很紧迫。

美国空军在独立之后，忙于组建现代化装备的新型部队，并没有太多地关注军事用途不甚明朗的人造卫星领域。不过兰德小组的报告却对美国其他军种与科研部门产生了巨大的影响。

美国海军旗下的海军研究实验室承担了海盗探空火箭计划，研究人员都是纯粹的科学家与工程师，通常考虑更多的是利用现有工具进行科研探索，而不是研究其军事价值。在研究解决中远程弹道导弹技术问题的过程中，海军研究实验室提出了一种二级火箭运载的设计，用来探讨搭载发射卫星的可能性。

1955年初，海军提出了先锋计划，目的是研制并发射美国第一颗人造卫星。同年7月，海军研究实验室的罗森博士起草的《一个科学卫星计划》报告被送至美国国防部，这也是海军先锋计划的正式报告。艾森豪威尔总统批准了先锋计划，但要求这项计划必须以不影响导弹计划为前提——先锋计划则只能排队（之前的海盗火箭研究人员在机构解散之后大部分被编入大力神洲际导弹项目，已经使先锋计划遭受了打击）。

研究人员没有办法，只好在这种艰难的环境中继续科研工作。对原本设计的二级火箭第一级中的海盗探空火箭做了重新设计，发动机完全更换，选用了通用电气公司研制的液氧-煤油液体发动机，推力更大，工作时间更长。第二级火箭使用了全新设计的火箭而不是空蜂火箭，直径增加到了 0.81 米，推力比空蜂火箭大 6 倍。第二级上面是仪器舱，上面装有第三级固体火箭。完整的先锋号三级火箭总长为 21.9 米，起飞重量 10.25 吨，可送入地球轨道的有效载荷最大达到 25 千克。

虽然先锋计划小组一直在不懈地努力，但是由于资源受限，多级火箭又经过了重新设计，本身不断出现需要解决的新问题，项目进展并不顺利。按照计划，先锋系列火箭共有 11 枚，前四枚是纯粹的技术试验，直到第五枚（TV-5）才是完整的火箭，用来发射人造卫星。可是第二枚火箭（TV-2）还未发射，苏联就于 1957 年 10 月 4 日成功发射了世界上第一颗人造地球卫星。

🔊 美国先锋号运载火箭耸立在发射台上

美国人的自信遭到了极大的冲击。在民众的强烈期盼下，艾森豪威尔政府不得不解除对人造卫星工程的限制。作为官方唯一认可的人造卫星研制计划，先锋计划也开始受到大量的关注。

先锋计划的负责人海根博士与国防部官员在 1957 年 10 月接受艾森豪威尔召见时汇报说：如果 TV-2 的试验顺利，那么 12 月份将发射第一枚完整的三级先锋火箭。完整火箭发射是一次关键的发射试验，成功的话会成为以后发射卫星的可靠保障。

然而，白宫新闻秘书却在新闻发布会上宣称：先锋计划即将发射第一颗美国人造卫星——偏离事实的政府新闻将先锋计划参与人员推入了尴尬的境地。原本要对各级火箭按顺序做完的试验，迫于舆论只得将完整火箭的测试提前到了 TV-3 上。研究团队迫于无奈，只能冒险一搏。

这直接导致 TV-3 号的发射成了一场悲剧，在点火之后两秒钟，火箭就因为发动机故障摔在了发射台上并发生爆炸。之后，TV-3BU 号火箭也发生了爆炸。直到 1958 年 3 月 17 日，TV-4 号才真正将一颗卫星送上了太空。但尴尬的是，这颗仅有 1.47 千克重的卫星，既不是世界第一颗人造卫星，也不是美国第一颗人造卫星，因为一个半月以前，陆军的轨道器计划就已经发射了美国第一颗人造卫星。

先锋计划中的 11 枚火箭只有 3 枚取得成功——不够成熟的项目也只能取得这样的成果。

与先锋计划相比，陆军的轨道器计划就幸运得多。在美国陆军红石导弹兵工厂工作的冯·布劳恩始终对太空探索充满热情。相比

↑ 1957 年 12 月 6 日，先锋号火箭 TV-3 在卡纳维拉尔角发射时发生爆炸

于同时期各种仅仅处于设想阶段的人造卫星的报告和文章，冯·布劳恩给出了美国第一个有足够硬件支持与工程细节的人造卫星计划。他认为红石导弹就可以改装成人造卫星的运载火箭，加装几级固体火箭之后，最末一级可以达到第一宇宙速度，这样就可以发射美国的第一颗卫星。

当时的海军和陆军都对发射人造地球卫星产生了很高的热情，双方的代表举行会面，由冯·布劳恩介绍了技术细节。会议正式提出了轨道器计划，并作为陆军和海军的联合发展计划。陆军负责将红石导弹改装成卫星运载火箭，海军负责

研制人造卫星。先锋计划和轨道器计划交到国防部审批之后，国防部认为批准轨道器计划将会影响到丘比特导弹的研制，所以该计划被取消。

不过冯·布劳恩等人并没有放弃人造地球卫星的想法，只是选择了另辟蹊径。陆军推出了丘比特-C多级火箭计划，通过红石导弹的技术基础发展多级火箭。

丘比特-C火箭，也被称作木星-C火箭，英文是Jupiter。

丘比特-C这款三级火箭的试验过程十分顺利，第三次试验就成功实现了从外层空间安全回收人造物体，验证了烧蚀防热技术的有效性。但陆军的成就并没有让国防部转变态度，轨道器计划仍旧没能通过，直到苏联成功发射世界第一颗人造地球卫星，轨道器计划终于获得了生机。

⬆ 丘比特-C火箭

有了丘比特-C火箭的技术基础，将其改装成运载火箭并不困难，陆军也表示有足够的信心，在获得批准后几个月内发射第一颗人造卫星。

1957年10月25日，轨道器计划获得批准，丘比特-C火箭开始接受改装。为了提高末级速度，选择在丘比特-C的基础上加装第四级。新型火箭被命名为丘诺1号，其中的第四级与第三级分离之后，由第四级火箭一同入轨，并将卫星送入轨道。

三个多月后的1958年2月1日，丘诺1号火箭成功地将探险者1号送入地球轨道，让美国跨入了航天时代。

丘诺1号在之后的发射任务中仍有失败，但是其优越的性能得到了足够的认可。为了具有更大的起飞推力与运载能力以应对月球探测的需要，丘诺2号随即诞生。丘诺3号、丘诺4号并没有实际生产，最后的丘诺5号则成了土星系列运载火箭的前身。

🚀 丘诺1号火箭成功地将探险者1号送入地球轨道

4.2 第二名做得更好

苏联在太空探索中的成就，给了美国很大的刺激，迫使美国加速了导弹和卫星计划，载人太空飞行的方案也开始遍地开花。

轨道飞行器的设计方案成了此时

🔊 曾创造最快飞行记录的 X-15 火箭飞机

讨论的重点。从总共十多种方案中，美国航空咨询委员会系统归纳后最终得出了三种方案：第一种是钝体、高阻力、零升力的载人飞船，着陆时用降落伞回收；第二种是采用有翼滑翔再入的飞船方案；第三种是以上两者的结合。

这个时期载人航天方案频繁出现，偶尔会出现很有价值的成果，比如说安装在飞船顶部的逃逸救生塔设计、人体工学座椅设计和再入大气的理论研究等。其中比较知名的有：弹道式飞船方案，通过火箭制动和烧蚀防热结合实现再入回收；载人驾驶舱有类似飞机机翼的装置，降落时可以像飞机一样水平着陆；火箭推进结合再入滑翔；球形飞船；在 X-15 高超声速飞机基础上发展有翼飞船。

1958 年 8 月，艾森豪威尔总统决定将载人太空飞行计划完全交由新成立的美国宇航局负责，第一任局长格伦南于 11 月 26 日将此项计划命名为水星计划。其基本目标是把一个人送上太空，使之绕地球飞行，在此过程

🌐 水星计划的标志

中研究他在太空中的表现和工作能力，最后使其安全返回并回收飞船。

同一时期，苏联也有类似的载人太空飞行计划——东方计划。由于美国的第一颗卫星不久也发射成功，双方都很清楚彼此实力并没有太大的差距，新技术的角力才刚刚开始。

美苏载人太空飞行计划基本思路大体一致，都是先对运载火箭性能与载人飞船的再入能力进行试验，之后进行动物搭载试验，最后一步是搭载宇航员。为了与苏联东方计划对抗竞争，美国宇航局需要快速且安全地实现计划目标。通过对先锋计划与轨道器计划的总结，美国宇航局认为：美国原本有能力赶在苏联之前实现人类首颗卫星的发射，但是科研力量却并没有集中合作；先锋计划的人手捉襟见肘，对新型运载火箭的重新研制耗费了太多的资源和时间；轨道器计划虽然得到

官方认可较晚，但是因为有陆军导弹计划的基础，中远程导弹稍加修改即可以作为运载火箭；对现有技术的应用也是轨道器计划能顺利完成的关键。水星计划并不是单纯的科研探索，比对方更早地获得成功是计划的隐藏任务。所以，时间因素十分重要，为了能够以最快的速度实现计划，要应用最简单和最可靠的方法。

载人太空飞行由于涉及宇航员的人身安全，美国宇航局提出了更细致的要求：

水星飞船必须具有可靠的发射-逃逸系统，在危急时刻可以迅速将飞船和运载火箭分离；

宇航员必须有能力用手动方式控制飞船的姿态；

应用比较简单的大阻力、钝体、无翼及零升力飞船结构；

飞船本身和回收系统应满足在海上溅落回收的要求。

水星计划中运载火箭共有4种，各自有不同的作用：第一种是小乔伊，只用于逃逸系统的设计试验；第二种是改装的红石导弹，用于水星飞船在弹道与轨道的上升、下降试验；第三种是改装的丘比特-A导弹，用于水星飞船模型再入特性和回收试验；第四种是改装的宇宙神导弹，

用于最终发射水星飞船进入轨道。美国宇航局将水星飞船的研制工作通过竞标后承包给了麦克唐纳公司。

水星计划分为三个阶段：第一阶段是技术和设计验证；第二阶段是载人亚轨道飞行试验；第三阶段是载人轨道飞行。

第一阶段进行得并不顺利。虽然最初的再入防热试验获得了巨大的成功，取得了多项成果，但之后的系统性能试验却问题频发。

先是出现了运载火箭点火错误，后来运载火箭发生故障，信号全部中断，火箭与飞船一同在大海中摔得粉碎。而在后来逃逸系统性能试验中，先是出现救生塔分离延迟太久的问题，之后是红石火箭发动机工作故障，逃逸火箭与救生塔抛落火箭的点火顺序故障，逃生系统的性能明显不够可靠。逃生系统的改进和宇宙神火箭的部分重新设计，消耗了大量的时间。

苏联方面不断有新的消息传出，美国国内的注意力开始向水星计划集中，美国宇航局面临着巨大的压力。1960 年 12 月，改进型的红石火箭搭载水星飞船成功发射，并顺利完成试验。这对美国宇航局来说是个好消息，只是仍然无法改变计划被迫修改和延误的事实。

1961 年 1 月 31 日的综合性演练发射试验中，水星飞船（MA-2）里乘坐了一名动物宇航员——黑猩猩汉姆。这次发射中，由于控制过程的失误，飞船的高度过高，又因为反推不足导致下落时最大过载达到了 15 倍重力，超过了设计的 12 倍重力，汉姆因此受了重伤。虽然发生了意外，但却证明了飞船的生命保障系统与再入、回收系统的可靠性。3 月 18 日，在由改进型宇宙神火箭搭载的水星飞船试验中，宇宙神火箭点火发射之后，正常关机、逃逸塔分离、飞船分离、反推发动机点火、飞船再入、降落伞打开、海上溅落依次完成，十分顺利。

连续的成功让水星计划成员分外激动，许多人希望载人航天提前进行。但是冯·布劳恩一贯坚持试验要谨慎执行，而且对发生了两次故障的红石火箭心存担忧，于是坚持再执行一次不载人试验。

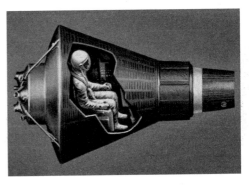

🌙 水星计划中宇航员坐在飞船内的示意图

试验取得了圆满的成功，不过却没有让水星计划成员高兴太久，因为当年 4 月 12 日，苏联的宇航员加加林就成功地实现了人类的第一次太空飞行。苏联的成就对美国公众又造成了巨大的打击，失望与沮丧开始蔓延。

美国宇航局的感受却更加复杂。一方面，作为航天工作的直接参与者，没有谁会比他们更加渴望做出成绩，尤其是世界首次的成就，不光个人可以功勋永驻、青史留名，自己的国家也将扬眉吐气，还会把前一次被苏联将了一军的苦闷甩回去。不过另一方面，航天人的一腔热情却一直无法扭转政府的轻视态度，美国政府在航天上的注意力主要放在了弹道导弹上，因为这有足够明显的军事价值。

面对苏联在技术成果上步步领先的打击和国内外媒体的讽刺与挖

🎧 水星计划中的友谊 7 号飞船

苦，美国的国际领导地位陷入危机的情况下，政府与国会的注意力很快集中到了载人航天与航天未来计划，对载人航天的关注终于达到了前所未有的、也是宇航局所期盼的高度。

出于在竞争中"破罐子破摔"、但是在技术上认真负责的态度，宇航局并不急于推进水星计划，因为这一阶段的竞赛已然输给了苏联，不如后续部分稳扎稳打，尽可能多地为未来计划积累经验。

按照水星计划的设计，第二阶段是亚轨道载人飞行试验，飞船不会环绕地球飞行，而是与炮弹有类似的轨迹，只是有更大的高度和速度，宇航员会获得较短的失重时间。1961 年 5 月 5 日，水星 7 号飞船由红石火箭搭载发射，完成了一次亚轨道飞行。乘坐飞船的是美国第一位宇航员艾伦·谢帕德，他在 15 分钟 22 秒的飞行时间里，得到了约 5 分钟的失重经历。同年 7 月 21 日，自由钟 7 号水星飞船搭载宇航员格里索姆，完成了一次过程相同的亚轨道飞行。

两次较为稳妥的飞行试验略微缓解了美国的舆论压力，也为后续流程积累了一定的经验。但红石火箭的推进能力并不足以实现飞船的轨道飞行,为了完成轨道飞行还是需要宇宙神火箭。

1961 年 9 月 13 日,宇宙神搭载 MA-4 水星飞船发射成功,这次试验介于亚轨道飞行与轨道飞行之间,飞行轨迹并没有达到绕地球一圈,时间为 1 小时 49 分钟。同年 11 月 29 日,MA-5 载着一只黑猩猩实现了轨道飞行,时长为 3 小时 21 分钟。1962 年 2 月 20 日,友谊7 号飞船(MA-6)携带宇航员格伦完成了三圈轨道飞行,期间飞船报出的故障让格伦一时高度紧张,结果飞船回收之后发现是一个错误信号,事实上各系统工作状态良好。

⬆ 身穿银色水星增压太空服的宇航员格伦

格伦作为美国第一位完成了轨道飞行的宇航员成为美国的英雄。36 年之后,77 岁的格伦乘坐发现号航天飞机再次来到了太空,延续了自己的传奇。

在格伦完成轨道飞行之后,宇航员卡彭特乘坐曙光 7 号飞船、谢拉乘坐西格玛 7 号

⬆ 水星计划指挥控制中心内部

飞船分别实现了轨道飞行,时长最大达到了 9 小时 12 分钟。

1963 年 5 月 15 日,宇航局一直计划的时长达到 1 天的轨道飞行,由宇航员库珀实现了。这次飞行绕地球 22 周,飞行时间为 34 小时 19 分49 秒。水星飞船的姿态控制系统、防热系统、生命保障系统与仪器仪表的可靠性都得到了充分的验证。

虽然按照原计划仍有发射任务,但是第二任宇航局局长韦伯认为,水星计划的任务已经完成,继续实施并无太大意义,精力与资源应该放在后续的计划上。于是,水星计划画上了完美的句号——取得了比东方计划更大的成就,为美国积累了许多管理经验。同时,由于水星计划使用了多种火箭改装成的运载装置,因此美国在运载火箭技术方面积累了丰富的经验。宇航员救生系统、飞船姿态控制系统与再入回收技术,更为未来的载人航天计划带来了深远的影响。

4.3 双子星计划

在美国宇航局以"暗度陈仓"的状态推进阿波罗计划时，很多人相信阿波罗计划一定是载人航天计划的未来，获得政府批准只是时间问题。

1960 年，美国宇航局与水星飞船承制公司麦克唐纳达成了一项共识：未来载人航天计划的关键技术，一定是飞船在轨道上进行机动飞行以及交会与对接。

在研究水星飞船的改进方向时，双方提出了进一步的任务：实现宇航员的太空行走。这项任务只有在飞船中装载两名宇航员的条件下才能够实现，这就要通过水星飞船的改进将乘员舱大幅度地增大，座舱布置以及生命保障系统也会变得更加复杂。太空任务小组工程部主任钱柏林提出的解决方法为：在水星飞船的基础上，设置一个独立的设备舱来存储原来乘员舱内的设备及备份生活用品。设备舱放置在飞船的尾部，外形与防热处理沿用水星飞船的设计。钱柏林的方案被很多人接受，这种新型飞船被称为水星 MKⅡ飞船。

作为从水星计划到阿波罗计划的过渡计划，水星 MKⅡ开始受到广泛的关注。除了增加设备舱，钱柏林还取消了水星飞船的发射救生塔，采用了弹射救生座椅来减轻飞船重量。在功能上，水星 MKⅡ增加了轨道机动、变轨以及交会对接系统。新的设计方案在 1961 年初提交给了美国宇航局，受到了局方的重视，但方案会导致预算紧张。

此时，宇航局内部出现了多种声音。慎重考虑后，刘易斯研究中心主任西尔维斯坦认为，从水星计划到阿波罗计划有很长的时间间隔，水星 MKⅡ没必要赶进度，而且这种新型飞船的设计越是完善，对阿波罗计划的帮助越大。在肯尼迪坚定的航天政策中，经费也不会再是问题。

于是，钱柏林的水星MKⅡ方案得到了通过，宇航局立即开始着手实施该项计划。

1961年12月7日，宇航局公开了搭载两名宇航员的新航天计划。随后，考虑到这项计划与水星计划有很大差距，于是在1962年1月3日将该计划定名为了双子星计划。

双子星计划的标志

双子星飞船采用了钱柏林的设计方案，仍旧交由麦克唐纳公司生产。飞船由三段连接而成，圆台形的设备舱在最下面，内部含有电池系统、推进剂贮箱、轨道和姿态控制系统、通信系统、仪表设备和生活用品。中间部分是发动机舱，控制飞船离轨与再入。载人飞船在最上面，包括两套宇航员弹射座椅、导航系统、电子设备和生命保障系统。再入大气层时先在轨道上抛掉设备舱，发动机舱的反推制动火箭将飞船推向再入轨道之后，飞船将发动机舱抛除，成员舱单独进入大气层，在低空时会打开降落伞在海上溅落。

双子星计划中飞船的飞行时长将达到14天，而此前水星计划最长的飞行时间也没到两天。这对供电系统是一个很大的考验。当时也没办法将太大的太阳能电池板送上太空，设计者们将目光转向了新型电池，正在发展和推广中的燃料电池获得了大家的青睐。这项大胆的新设计是双子星飞船的创举。

这种电池由通用电气公司研制，能量来源为液氢和液氧的反应。在两种原料经过阳离子交换膜时，氢和氧发生氧化还原反应，生成水的同时产生电能。这种电池能提供0.5千瓦的功率，工作寿命可达1000小时。

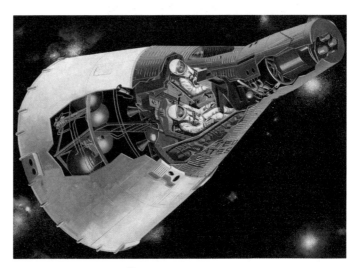

双子星飞船内部视图

位于尼尔·阿姆斯特朗航空宇航博物馆的双子星飞船复制品

收藏于美国空军太空博物馆的双子星2号

为了完成宇航员的太空飞行任务，在双子星飞船的侧面设置了关闭时有良好密封性的矩形舱门。需要执行太空行走任务时，宇航员先穿好宇航服，使用宇航服上携带的供氧系统维持呼吸，之后降低舱内气压并打开舱门。完成太空行走任务之后，宇航员返回舱内关闭舱门，重新补充氧气。这种设计虽然增加了氧气的消耗，但是结构简单，易于加工也易于控制。为了方便宇航员进行舱外行走，宇航服上还可以携带额外的机动系统，这种机动系统使用压缩氮气作为动力，可以向三个互相垂直的方向喷出。

双子星计划第一次载人飞行于1965年3月23日由双子星GT-3号飞船实现。飞行时间约5小时，两位宇航员格里索姆和约翰·杨实现了对飞船的操纵，变向与控制，飞船的再入与回收都正常完成。

双子星4号飞船于同年6月3日发射，飞行时间超过了4天。宇航员怀特身上连接长绳索后，利用便携机动系统实现了双子星计划的第一次太空行走。这次舱外活动共计21分钟，虽然因为飞船上的计算机故障导致任务提前终止，但近 98 小时的飞行时间打破了苏联宇航员的纪录。

双子星 5 号飞船的飞行首次应用了燃料电池，但由于燃料电池的故障导致计划中的轨道交会失败。不过这次飞行总共绕地 120 圈，时间达到了近 8 天。

双子星 6 号飞船计划与轨道上的目标舱阿金纳 D 完成对接，但是由于阿金纳 D 未能顺利进入轨道，双子星 6 号的发射任务取消，计划因此修改，太空对接的两艘飞船改成了双子星 6A 号和双子星 7 号。两艘飞船先后发射进入轨道之后，通过宇航员操纵完成了机动、靠近和交会，最近距离达到了 0.3 米。双子星 7 号最终的飞行时间达到了 330 小时 35 分钟，绕地球 206 圈。

🔺 双子星 6A 号从发射架顺利发射升空

双子星 8 号和 9 号都没能顺利实现与阿金纳目标舱的对接。一直到 1966 年 7 月 18 日，双子星 10 号发射后宇航员约翰·杨和柯林斯用 6 个小时的时间实现了与阿金纳 10 号的对接。对接飞行 4 小时后双子星 10 号与阿金纳 10 号分离，宇航

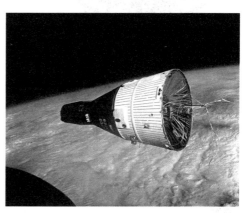

🔺 双子座 7 号（由双子座 6A 号的宇航员拍摄）

员开始操纵飞船向 37 千米远的阿金纳 3 号目标舱移动。宇航员柯林斯最后完成了在阿金纳 3 号上的取样任务。

美国宇航局踏踏实实保证了每一步技术探索的可靠性，各项成就与技术水平都已超越了苏联。

双子星 11 号与 12 号则是该计划的完美收官之作，对接任务与舱外活动顺利完成，并完成了长时间的生物医学试验。

双子星计划实施期间，宇航员共进行了 52 项试验，其中 27 项试验

了新技术，还有 8 项医学试验和 17 项科学试验。长时间的在轨飞行积累了大量的生理医学数据，同时验证了设备寿命与环境控制系统的可靠性。对飞船的操纵及飞船之间的交会、对接的实现，以及通信、遥测技术的验证，更是为阿波罗计划打下了基础。宇航员的训练和飞行流程得到了更科学的优化，慢慢建立起的优势让美国人重新找回了自信，因此在航天探索的管理上更加系统，逐步摆脱了为竞赛而忽视计划科学性的缺陷。

⬆ 双子星 11 号太空飞行任务徽章

⬆ 双子星 12 号太空飞行任务徽章

 # 4.4 招募太空船员

在航天领域工作的人们一般都默默无闻，但一小部分人还是会获得公众的大量关注，他们就是载人航天计划中的宇航员。作为载人航天计划中最后阶段的参与者，宇航员们成为在未知领域开疆拓土的实践者与代言人。

水星计划开始后，美国宇航局开始着手宇航员的选拔工作。航天医学组制定了宇航员的选拔标准与选拔流程，重点在于参选者的身体状况。最初的标准并不像人们想象的那么严格，身体状况过得去就行。曾作为二战英雄的艾森豪威尔总统获悉后，亲自干预，要求应征者必须是军方的试飞员，毕竟这关系着国家形象（在未来，随着航天计划的发展，宇航员一定会在宣传中成为美国英雄），代表国家形象的人群还是多加一层筛选更为合适。而且，试飞员长期稳定的训练也使他们保持了较高的职业素养，培训的成本相对不那么高。总统的这一决定获得广泛的赞同：宇航员只从空军与海军的试飞员中选拔。

　　与普通飞行员不同的是，试飞员需要从事新研制飞机的试飞任务，摸索飞机的飞行品质。这需要长期积累的飞行经验与深厚的理论知识和实践技巧，同时要有良好的判断反应能力和稳定的心理状况。在航天领域，心理素质更为重要。

　　航天医学组很快就确立了新的选拔标准：年龄在 35 周岁以下；身高1.83 米；身体健康；有工程学或科学学位，能完成一定的技术工作；由试飞员学校毕业，至少有 1 500 小时的飞行经验，是合格的喷气式飞机的驾驶员（后来在飞行时长上放宽了要求，时间不够的可以在选拔通过后补足。另外，根据计划需求，选拔过程中对高级技术人员也开了绿灯）。

　　第一批报名的试飞员共有 508 名，经过筛选后剩下 110 人，通过专

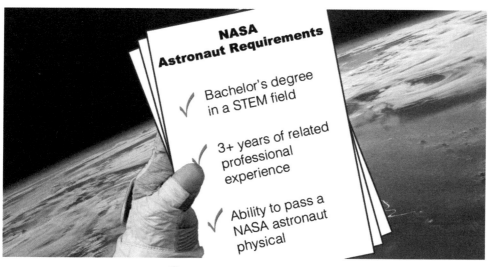

美国宇航局招募宇航员的要求

业技能测试之后还剩 32 名。严格的心理测试之后，剩下 18 人。经过体能训练的炼狱之后只剩下 7 人，分别是卡彭特、库珀、格伦、格里索姆、谢拉、谢帕德和斯雷顿。

1959 年 4 月，选拔结果对外公布，大张旗鼓的选拔过程让这些宇航员还没有正式入列就已经家喻户晓。后来，斯雷顿由于心脏功能问题没能直接参与载人计划的飞行，而是转而成为宇航员小组的领导，指挥航天飞行。其余 6 人在水星计划中各自完成了地球亚轨道与地球轨道飞行。

这 7 人组成了不可分割的整体，对于完成水星计划有着极其关键的作用，于是历次水星飞船的编号都是 7 号，只是前面的名字不同，比如曙光 7 号、西格玛 7 号。

从水星计划到阿波罗计划，宇航员招募工作一直在分批进行。第二批在 1962 年，共有 9 人，阿姆斯特朗就在其中。这一批宇航员中 1 人因阿波罗 1 号起火牺牲，1 人因为飞机事故遇难，其余的都参与了阿波罗计划的飞行。1963 年，第三批共选拔了 14 名宇航员，其中不仅有试飞员，还有受过更高级教育的科技人员，不过这批宇航员中有 4 人在事故中丧生。在 1965 年第四批

选拔中共产生了 6 名宇航员，这次选拔将试飞员的背景限制取消了，目的是让科学家能够参与太空飞行。第五批选拔于 1966 年完成，共有 19 人，参与了多项载人飞行任务。第六批共 11 人，在 1967 年选拔完成，不过训练还没结束，阿波罗计划就终止了。

宇航员经历的考核与训练都极其严苛。第一阶段测试中，先要通过综合性的技术口试，确保有足够的知识储备和理解力。然后再接受精神学家的专业鉴定。之后，还要进行数学与物理的推理性笔试来考查逻辑思维能力。所有考核合格后才有资格进入第二个阶段。

第二阶段需要测试应试者的身体素质。鉴定合格之后，应试者将前往空军基地航空医学研究所进行应激试验，以考查发生环境因素激变时的适应能力。

主要的应激试验有 11 种：

阶梯试验：试验工具是一个高 50.8 厘米的平台，应试者每两秒钟跳上跳下一次，持续 5 分钟后测定身体机能。

跑台试验：跑台装有可以保持恒定传送速度的履带，跑步台面还带有升降机构。应试者在这种早期的跑步机上跑步，平台与地面的

夹角不断增大，直到应试者心率达到 180 次/分钟后停止跑步，检测身体状况。

寒冷试验：冰水泡脚，测量应试者脉搏和血压的变化。

反应试验：要求应试者对仪表面板上的 12 种信号做出对应的反应，以测定复杂环境中做出正确反应的能力。

倾斜试验：应试者在倾斜度很高的平台上头朝下躺 25 分钟，测试心脏的代偿能力。

低压试验：应试者在模拟的 19 800 米高度环境下停留 1 小时，测定心脏和呼吸系统在低压环境中的功能。

隔绝试验：应试者在黑暗的隔音室停留 3 个小时，测定异常环境和无外界刺激时的适应能力。

超重试验：应试者在离心机中体验不同转速、不同座椅倾角，测定对多种超重状态的耐力。

高温试验：应试者在 55℃ 的高温室内停留 2 小时，测定身体反应。

震动试验：应试者坐在同时绕两个轴旋转的座椅上，在震动和不震动两种情况下推动操纵杆稳定座椅。试验还分为蒙眼与不蒙眼两种。

噪声试验：测定应试者在多种频率的噪声中对高频音调的敏感性。

尽管报名参选的试飞员都有着全面的素养，但按照优中选优的原则还是淘汰了大部分。最后选拔出来的宇航员们还要接受长期

🌑 宇航员坐在同时绕两个轴旋转的座椅上做测试

的严格培训。培训内容分为一般训练和特殊训练。一般训练是每位宇航员都要参与的，包括基本学科知识的学习、环境熟悉、救生训练、飞行训练和体能训练。特殊训练则根据具体的飞行试验任务而定。

从运载火箭搭载飞船发射到最终的回收，飞船中的重力环境会发生多次超重与失重的变化。发射时会有3~4倍的过载，进入地球轨道之后则会完全失重，返回再入大气层时会产生6~7倍的过载，着陆时的冲击会造成6~8倍的过载。为了应对这种复杂多变的环境，宇航员必须进行超重与失重训练。

超重训练通过旋转室与离心机实现，训练时通常会制造7~11倍的过载，经过这种训练之后，宇航员们就可以轻松适应飞船中的过载环境。

载人航天计划中，因为失重占据了飞行任务执行中的大部分时间，宇航员必须经历长时间的失重体验。简单而相对有效的是在水下进行失重训练，一些关键的完全失重训练则放在飞机做抛物线飞行时进行。

在飞机抛物线轨迹中有一段重力与离心力相抵消，宇航员会获得短暂的失重环境。F-100飞机能提供40~50秒失重时间，宇航员会进行饮水、进食练习与心理测试；C-131B飞机能提供12~15秒的失重时间，宇

航员会练习失重时的工具使用和物体移动；KC-135飞机能提供30秒左右的失重时间，宇航员会练习失重环境中的个人动作，包括进出舱、漂浮、旋转、移动等动作。

⬆ 宇航员训练使用的高过载试验装置

除此之外，宇航员必须熟练掌握的是飞船的操作使用，包括导航、制导和控制操作。

⬆ 7.61倍的过载下宇航员的痛苦表情

宇航员还需要不断学习计算机的操作。为了保障人身的安全，宇航员们需要花大量时间练习推进和制导系统失效时的补救操作程序。

美国宇航局在此前的失败中得到了足够的教训：项目的建立与维持需要政治力量，但是项目的流程与推进方式必须坚持科学的思想。充分利用已有的技术稳扎稳打，项目的推进反倒更加顺利。

宇航局管理方式的成熟，在宇航员的培训中体现得淋漓尽致。从选人开始就制定了完整的标准并严格执行，宇航员在训练期间更是执行同样严格的制度。除去体能训练与失重训练，宇航员大部分时间都是在飞船及相关设备的模拟器中度过，将基本操作与技能熟练到成为习惯。从发射到再入大气层的各个步骤以及急救措施，宇航员都反复练习，没有间断。

日复一日枯燥却又系统的训练，让宇航员们保持了优良的身体、心理素质和全面的科技知识与操作技能，这也是载人太空飞行计划得以顺利实施的重要保证。

⬆ 用于失重训练的大型飞机

⬆ 大型飞机俯冲时产生的短时间失重体验

第5章

登月宇航员的"坐骑"

>>>

5.1 土星系列火箭

把物体发射上天不再落回地面，这种想法早在牛顿的"大炮"设想里就有过详细描述。按照这种理想的模型设想进行计算，沿着地球表面进行圆周运动的速度为 7.9 千米/秒，绕地球轨道半径增大之后，圆周运动的速度相应减小。这个环绕地球的最大速度被称为第一宇宙速度。当速度进一步增大到 11.2 千米/秒时，航天器将可以脱离地球引力的束缚，这个速度被称为第二宇宙速度，也叫逃逸速度。

实际应用时，这两个速度并不是直接的硬性指标，因为航天器既不可能不考虑空气的影响，也不可能完全贴着地球表面飞行。这两个数值让人们对太空飞行有了更深的理解，即使是轻微的质量，想要送上太空，也要消耗巨大的能量。

美国虽然成功地将人造地球卫星送入了太空，但阿波罗飞船的质量与卫星相比，完全不是一个量级。阿波罗计划以及未来的航天计划对运载火箭提出了更高的要求：发射可载四人的空间站，把人送上月球，发射可载 50 人的空间站以及建立月球基地，实现星际航行。但当时并没有符合这样要求的运载火箭。

大型运载火箭的研发很快得到立项，但由于当时技术条件的限制，高能推进剂发动机的研发进展缓慢。

1958 年 2 月，冯·布劳恩小组提出设计方案，使用现有发动机并联的方式以加快运载火箭的研发进度，8 台丘比特火箭发动机并联之后组成运载火箭的第一级。为了与以前的运载火箭进行区分，第二年，丘诺5 号火箭正式改名为土星号运载火箭。

土星号火箭在研制初期，并没有明确为哪项航天计划服务，因此随

⟳ 1967~1973 年间发射的所有土星V号运载火箭

着阿波罗计划的要求不断改变，土星号火箭也多次更改了设计。直到月球轨道交会的方案成为最终的登月方案，土星号火箭的布局才最终得以确定。

满足阿波罗计划载人登月需求的土星号火箭共有三种型号：土星C-1号（可以执行阿波罗飞船的轨道飞行和再入试验），土星C-1B号（用于执行阿波罗飞船的地球轨道飞行任务），土星C-5号（用于执行载人登月任务）。由于这三款火箭专门为阿波罗登月计划定制，因此1963年宇航局修改了型号名称：土星C-1号改为土星I号，土星C-1B号改为土星IB号，土星C-5号改为土星V号。

下表中列出了这几款火箭的基本参数：

火箭型号	第一级	第二级	第三级
土星I号	8台H-1发动机 液氧和煤油 推力8×900千牛	6台RL-10发动机 液氢-液氧 推力6×110千牛	
土星IB号	8台H-1发动机 液氧和煤油 推力8×900千牛	1台J-2发动机 液氢-液氧 推力1×1033千牛	
土星V号	5台F-1发动机 液氧和煤油 推力5×6770千牛	5台J-2发动机 液氢-液氧 推力5×1033千牛	1台J-2发动机 液氢-液氧 推力1×1033千牛

这三种型号中只有土星V号能够满足载人登月的要求，发射前的准备工作与发射后的运行都有严格的标准流程。火箭第一级的推进剂为 RP-1 煤油和加注氧化剂的液氧，其中煤油需要在火箭发射前几天开始加注，共加注 80 多万升。液氧则在发射前 7 小时开始加注，共需要 130 万升，在点火之前 72 秒还要将蒸发掉的氧气补足。第二级和第三级使用的推进剂为液氢-液氧，由于液氢更容易挥发，加注时间通常在点火前五六个小时。

阿波罗 10 号使用的土星 V 号火箭正在移出装配大楼

运载火箭从地面出发，要穿过整个大气层，经历多种复杂环境，因而在点火发射时对环境有一定的要求，否则容易造成灾难性的后果。土星 V 号火箭发射时要求发射前进方向能见度不小于 5 600 米，云底高 152 米以上，风速不超过 65 千米/时，发射地区不能有任何雷雨云。如果遇到天气不好的情况，发射只能延后或取消。

事实上航天也是一个"靠天吃饭"的行业。火箭本身对风雨有一定的抵抗能力，但是在加注推进剂时，8 千米内出现闪电就必须停止加注，以免引燃燃料发生爆炸。

在发射台和发射架周围共有 29 个冷却水喷嘴，以每分钟 20 万升的

1969 年 7 月 16 日，执行阿波罗 11 号登月任务的土星 V 号起飞

流速向发射台下的火焰坑和挡火钢板喷射。火箭第一级发动机向下喷出的火焰将冷却水立刻变成水蒸气喷向四周。从表面看是大量白烟，其实里面含有大量的水蒸气。

⬆ 土星Ⅴ号穿越底层稠密大气层时环绕在阿波罗周围的凝结云

火箭发射完成垂直方向加速后开始转弯，发射后约两分半的时间，火箭以 2.7 千米/秒的速度到达 60 千米的高空，之后第一级火箭的中间发动机关机，不久，周围四台发动机也全部关机。不再提供动力的第一级火箭外壁上还有四枚小型火箭，点火后会反向推动第一级火箭，第二级火箭外壁上的四枚小型火箭则提供正向推力。此时第一级与第二级之间会通过爆炸断开连接，小火箭提供的推力则快速将第一级与第二级拉开距离，防止第二级点火时点燃第一级发生爆炸。

⬆ 土星Ⅴ号运载火箭第一级分离

第一级火箭分离之后坠入大西洋，约半分钟后一、二级之间的中间级也脱离坠海。第二级正常工作约 8 分钟之后将火箭推至 180 千米的高度，随后分离并再入大气层烧毁。第三级火箭的 J-2 发动机点火工作约两分钟后，推动飞船达到约 7.8 千米/秒的第一宇宙速度，进入地球轨道。这个接近于圆形的轨道被称为停泊轨道，从火箭点火起飞到进入停泊轨道共需要约 12 分钟的时间，之后 J-2 发动机关机。

⬆ 土星Ⅴ号尾部的摄像机拍摄的级间分离

在绕地球飞行期间，宇航员要检查飞船的控制和导航系统、主推进系统、环境控制系统及主要的仪器设备，并为第三级火箭的再启动做好准备。再启动后，第三级火箭用约 320 秒的时间将飞船的速度从 7.8 千米/秒提高到超过 10.8 千米/秒。此后飞船脱离地球轨道，进入"奔月"轨道，而第三级火箭也完成了自己的使命。

5.2 阿波罗飞船

土星 V 号火箭的任务是将阿波罗飞船运送至地球返回轨道,途中各级火箭先后都会被抛掉。真正能够陪伴宇航员走完登月旅程的,只有阿波罗飞船。飞船共分为两个部分:一个是指令服务舱;一个是登月舱。

指令舱是阿波罗宇宙飞船的主要控制中心以及三名宇航员的生活处所。前端装有对接探测装置和降落伞回收系统;中间是加压的主乘员舱,里面有宇航员的卧椅、控制仪表板等设备;后端装有防热壳以及反推系统。指令舱是整个阿波罗宇宙飞船及土星运载火箭中唯一会完好返回地球的部分。

指令舱中间的宇航员席位属于指令舱驾驶员,他负责航向观测及操纵;指令长在左侧席位,负责管理飞船控制器;右侧席位的登月舱驾驶员负责监视飞船供电、供氧、燃料系统和通信线路。

指令舱除了在飞行过程中为宇

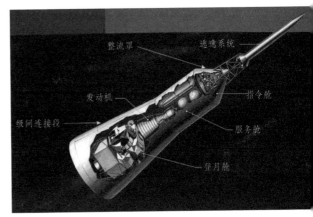

🔺 土星 V 号运载火箭上属于阿波罗飞船的部分以及逃逸系统和整流罩

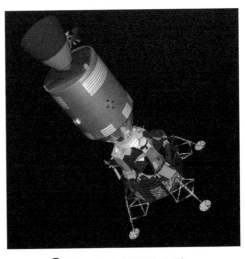

🔺 登月飞行状态的阿波罗飞船

净重约5吨
推进系统:12台姿控发动机,
每台推力约445牛
直径约3.91米

🔊 阿波罗指令舱

航员提供完善的保护,还要在再入地球大气层时溅落海中,因此要能够防辐射且耐高温及冲击。设计人员将其外壳设计为内外两层,每层都有多层合金板,两层之间添加蜂窝状隔热层。指令舱的锥形顶部用于同登月舱对接,两个观察窗和两个边窗则用于交会对接、观察拍照。圆柱形的服务舱是阿波罗飞船的后勤组件:前端装有三组燃料电池及银锌蓄电池组;中部为向燃料电池提供能源的氧贮箱和氢贮箱;后端装有主发动机及12个推进剂贮箱。服务舱外面则装有姿态控制发动机和多个频段的通信天线。

在飞船这个封闭的环境中工作和生活,宇航员们需要稳定的环境控制系统。人体在不断新陈代谢,飞船环境需要控制好温度、湿度、压力以及氧气和二氧化碳浓度,并向宇航员提供足够的饮水。

阿波罗飞船的环境系统共分为四个分系统:空气净化回路、氧处理回路、制冷剂回路和水处理回路。

阿波罗飞船的座舱大气在设计之初为低压纯氧环境,但由于阿波罗1号的火灾事故,后改进为含氧60%,含氮40%的低压环境。这样,舱内气体成分简单,容易进行检测,浓度控制较为容易;在人体能够接受的低压环境下,较小的飞船内压只需要较薄的舱壁,飞船重量可以减轻;低压环境会使宇航服在穿好后的内压同样较低,宇航员穿上后活动不至于太过困难。在这样的环境里,即使待很长时间也不会对人体机能造成损害,比较安全。

环境控制系统中的空气净化回路负责维持舱内的空气环境,它的功能包括消除人体呼出的二氧化碳,净化空气,清除人体代谢产生的异味物质和座舱内的污染物质。空气净化回路分为座舱回路和宇航服回路。座舱回路中没有单独的净化装置,需要将抽取的空气通过回流阀进入宇航服回路净化。

飞船内的座舱供水功能包括水的收集、存储和分配,这些功能由水处理回路负责。一部分供水来自飞行前在水箱中的存储;一部分来自燃料电池反应及二氧化碳吸收剂反应。燃料电池每产生1度电会制

阿波罗指令舱与服务舱内部剖视图

造 0.35 千克的水，这些占了飞船水资源的大部分。燃料电池产生的水会先注入饮水贮箱，如果饮水贮箱已满，新产生的水将注入废水贮箱，废水贮箱也装满之后，多余的水可以排出舱外。

制冷剂回路负责控制舱内温度，包括制冷和加温。舱温按照规定要保持在 16.5℃ ~ 26.5℃，再入大气层时也不能超过 38℃。飞船的热量有多种来源：宇航员自身产生的热量；各种仪器设备与照明设施产生的热量；空气净化回路尤其是其中的二氧化碳吸收剂反应产生的热量；来自太阳的微弱热辐射，透过船壳进入舱内。制冷剂回路除了要调控舱内空气温度，还要为宇航服空气净化回路进行加温或制冷，同时控制电子设备的温度。

除了这几种需要保持循环的舱内环境要素，还有一些不需要回路进行处理的要素。噪声是在整个飞行过程中都需要尽量降低的。火箭发射时会产生较大的噪声，不过此时飞船中的环境仍处于人体可接受范围内。飞行中的噪声主要来自风扇和液体泵，衬垫减轻了液体泵的噪声，宇航员只要开启较少座舱风扇，噪声水平可以得到很好的控制。

辐射也是需要严格控制的环境要素之一。在距离地球表面约 400 千米以外，飞船飞往月球途中要穿越范艾伦辐射带，之后还会受到银河系内以及太阳爆发的辐射，不过这些辐射经过舱壁以及各层设备的吸收之后，对宇航员并没有多大威胁。事实上，在太空中可能受到的辐射量远小于 X 射线检查时的辐射剂量，只是在太空中辐射种类更为复杂。

　　阿波罗飞船的第二大部分为登月舱。在阿波罗飞船到达月球之后，指令服务舱保持在月球轨道上，登月舱搭载两名宇航员进行登月，完成任务后启动登月舱上升发动机返回月球轨道与指令服务舱对接。实际上相当于一艘往返于月球轨道与月面的摆渡船。

　　登月舱的工作环境全程不受大气影响，所以不需要考虑其气动外形，外部结构上只要能够实现由运载火箭搭载、与指令服务舱的可靠对接、月面着陆以及顺利返回月球轨道即可。登月舱设计定型后，有四根细长的登月支柱，撑起了两个棱柱形状的躯干，再加上外部的设备，登月舱看起来就像一只四条腿的蜘蛛。

　　登月舱分为下降段和上升段。

　　下降段包括用于登陆月面的支架以及减缓登月舱降落速度的下降发动机。下降发动机以四氧化二氮和偏二甲肼为推进剂，可靠性高，支持多次点火和推力调节。发动机周围有 8 个用于放置仪器设备的舱筐，后来的月球车也放置在里面。

　　通过爆炸螺栓连接在下降段上面的上升段，结构更为复杂。上升段的一部分是柱状的乘员舱，其中一部分是宇航员的固定位置，一部分是出舱前的中间室。乘员舱做了尽可能的简化，座椅和睡袋都被取消了，宇航员需要背靠舱壁坐着睡觉。乘员舱的顶部和舱壁上安装了多个仪表和设备开关，宇航员工作时并列站在控制台前进行操作。宇航员在月球上完成任务之后，启动上升段和下降段之间的爆炸螺栓，两段脱离。上升段通过上升发动机离开月面返回月球轨道，通过宇航员操纵完成与指令服务舱的交会对接，下降段则被抛弃在月球表面。

🔊 阿波罗飞船的登月舱

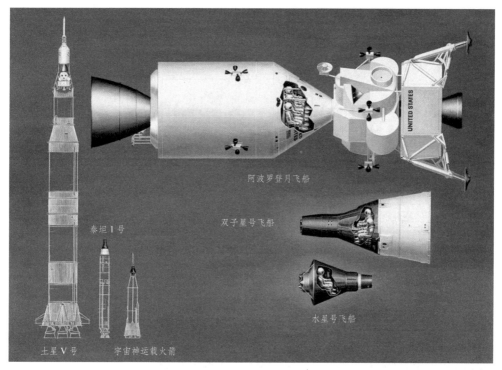

泰坦1号

土星Ⅴ号　　宇宙神运载火箭

阿波罗登月飞船

双子星号飞船

水星号飞船

⊕ 阿波罗登月飞船与双子星号、水星号飞船及其运载火箭的尺寸比较

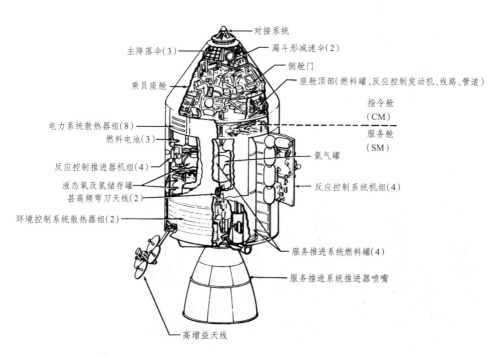

对接系统

主降落伞(3)　　　漏斗形减速伞(2)

侧舱门

乘员座舱　　　　座舱顶部(燃料罐、反应控制发动机、线路、管道)

指令舱
(CM)

电力系统散热器组(8)　　　　　　　　　　服务舱
(SM)

燃料电池(3)

反应控制推进器机组(4)　　　氦气罐

液态氧及氢储存罐　　　　反应控制系统机组(4)

甚高频弯刀天线(2)

环境控制系统散热器组(2)

服务推进系统燃料罐(4)

服务推进系统推进器喷嘴

高增益天线

⊕ 阿波罗指令舱与服务舱的结构图(文字后面的数字代表数量)

75

5.3 宇航服

月球表面的严酷环境对地球人其实并不怎么友好——没有大气层，白天极热，夜晚极冷。宇航员能看到的皆是岩石土壤，一片荒凉。登月舱在月面着陆之后，宇航员们没有太多时间思念地球的美好，他们还有许多工作要做。除了与月球轨道上的指令服务舱和地面指挥中心保持良好通信，还要充分检查一遍各个仪器设备的状态。核实一切状态良好，宇航员才准备出舱。离开登月舱前往月球表面，舱外宇航服将成为宇航员的最后一层保护。

与两层材料中间充气、能够保暖和携带工具的舱内宇航服相比，舱外宇航服要复杂得多。在结构上，舱外宇航服可以分为三部分：一个是能够保护宇航员的宇航服；一个是便携型生命保障系统背包，用来控制宇航服内的温度并提供呼吸用的氧

美国宇航员身着水星号宇航服

气；还有一个是应急供氧包，在便携背包发生故障时可提供足够30分钟呼吸的氧气。整套舱外宇航服总共83千克，不过在低重力的月球上只相当于14千克，宇航员不会觉得沉重。

宇航服的躯干部分共分为三层。最外层是耐热防尘层，它不可燃，对温度的适应性非常好，材料性质很稳定，能够承受月球表面微流星的撞击并维持宇航服的内压。中间层是耐压层，用来保持宇航服内压。这一层会包裹住宇航员的躯干、四肢以及双手，包裹双脚的部分单独做成了耐压靴。耐压层的内部十分光滑，方便穿脱。第三层是液冷衣，这一层直接和宇航员身体接触，包裹住了宇航员的全身和手脚。与身体接触的是一层很薄的尼龙布，外面是内部含有很细的冷却水管的聚氨酯弹性体。严格计数的话，宇航服总共有20多层材料，给了宇航员们真正的层层保护。

头盔由橙红

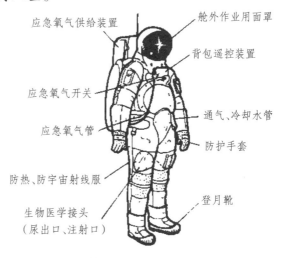

应急氧气供给装置
应急氧气开关
应急氧气管
防热、防宇宙射线服
生物医学接头
（尿出口、注射口）
舱外作业用面罩
背包遥控装置
通气、冷却水管
防护手套
登月靴

登月宇航服的结构

阿波罗登月宇航员的头盔

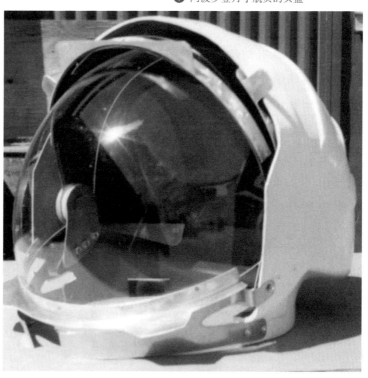

色的聚碳酸酯塑料制成，形状是直径约 36 厘米的球形，平均厚度 2 毫米，可以在 −125℃~125℃ 的环境中正常工作。头盔配备的遮光板可以阻挡紫外线和红外线，并减弱照射进头盔的阳光强度，避免眼睛受伤。

多层结构的躯体服装穿戴好后，宇航员还要戴上手套，穿好最外层的套鞋。手套的内层是绝缘层，外层是镍铬合金金属布、贝塔布和硅橡胶组成的混合织物，柔软耐热而且耐磨。套鞋内部是绝缘体，外壳是涂有镍铬合金金属布的硅橡胶，防燃耐磨；鞋底制作有很深的花纹，防止宇航员行走时打滑。

宇航服可穿戴部分的外面，是地面称重 38 千克的便携型生命保障系统。为了保护内部复杂精细的设备，背包也是多层结构。背包一次携带的氧气量可以支持宇航员在舱外活动 4 个小时，在登月舱的供给站还可以临时补充氧气以便继续月面活动。但是 4 个小时只是估计值，前提是宇航员动作平缓、体力消耗不大，只进行必要的语言通话而不是谈笑风生。背包通过一根软管与宇航服内部的气体环境相通，进行压力通风，流动的空气会通过氢氧化锂滤罐和活性炭容器将二氧化碳和异味、灰尘、杂质除去。净化过的空气会经过冷却水的冷却之后与氧气瓶补充的氧气混合，再次进入循环。宇航员身体新陈代谢产生的热量一部分通过空气循环被升华器中的冷却水吸收，其余的大部分则由与身体接触的液冷衣通过水循环带走。生命保障系统的控制盒放置在宇航员的胸前，控制盒上有显示氧气储量的仪表、循环系统开关和安装在胸前的 70 毫米摄影机的控制开关。

拥有完整的内部环境控制系统和多种附加功能的舱外宇航服已经远远超出了衣服这个概念，它更像一个可以随身携带的微型登月舱，在维持生存之余，还可以满足生活、工作、通信、记录的要求。这也是宇航员能顺利完成登月的最后一件装备。

5.4 月球车

月球车，又称月面车，是在月球表面行驶并对月球考察和收集分析样品的专用车辆。可分为无人驾驶月球车和有人驾驶月球车。无人驾驶月球车由轮式底盘和仪器舱组成，用太阳能电池和蓄电池联合供电。无人驾驶月球车其实并不是一辆车，而是小型化、低功耗、高集成的部分或者全部自主的机器人。

月球车的概念最早是冯·布劳恩于1952~1954年在《Collier's》杂志上连载的科幻小说《人类将要征服宇宙》中提出的。在这篇科幻作品中，作者笔下一辆10吨的拖车，能在月球表面工作六周。

冯·布劳恩驾驶"漫步者"月球车底盘的实物模型

1956年，波兰工程师米耶奇斯拉夫·贝克出版了两本与月球车相关的著作。当时他是密歇根大学的教授，兼任美国陆军坦克汽车司令部的顾问，他的著作为之后的登月奠定了理论基础。

月行者1号是世界上第一辆成功运行的遥控月球车，是

↑ 月球车月行者2号模型

↑ 月球车月行者2号的轮子

↑ 1973年,苏联为月球车月行者2号发行的邮票

苏联发射的。质量约756千克,高1.35米,长2.2米,宽1.6米,依靠4对电驱动、电磁继电器制动的轮子实现机动。1970年11月17日,月行者1号由月球17号飞船送上了月球,一直在雨海地区工作至1971年10月4日。

月行者2号是苏联研制的第二辆无人月球车,于1973年1月随月球21号飞船登陆月球。月行者2号高1.35米,长1.7米,宽1.6米。主要任务同月行者1号相同,也是拍摄月球表面照片,全车拥有3个摄像头。除摄像头外,月行者2号还拥有激光测距仪、X射线探测仪、磁场探测仪等装置。它以8个相互独立的电动车轮驱动,车体能源来自太阳能电池,车上携带的钋210放射性元素用来在夜晚为车体供热,保证仪器不因低温而损坏。月行者2号总共工作了4个月,拍摄了86张全景照片和80 000张其他照片。

在阿波罗计划的后期,月球车开始作为重要的航天装备投入使用。阿波罗15号、阿波罗16号和阿波罗17号都携带了月球车,月球车的使用使宇航员在月球表面活动的范围迅速扩大。

月球车的外号为"Moon Buggy",这个称呼源自沙滩车的俗称

Dune buggy。阿波罗月球车随着阿波罗登月舱登陆月球表面，可以搭载两名宇航员以及登月设备。目前，共有3辆这种月球车留在了月球上。

阿波罗月球车采用纯电力驱动，设计目标是能够在低重力以及真空的环境下在月球表面驾驶，以大大增加宇航员在月球表面的活动范围。执行任务时由指令长担任驾驶员，坐在月球车左侧的驾驶位。

一共有3辆阿波罗月球车实际执行过任务，分别是大卫·斯科特与詹姆斯·艾尔文驾驶的阿波罗15号，约翰·杨与查尔斯·杜克驾驶的阿波罗16号，以及尤金·塞尔南与哈里森·施密特驾驶的阿波罗17号。

阿波罗月球车自重为210千克，设计载重能力为490千克。由于月球上的重力约为地球上的1/6，故实际折合月球的重力环境下，月球车自重35千克，设计载重能力为82千克。整个车架长3米，轴距为2.3米，高度为1.1米。车架的材料是2 219个铝合金管焊接而成。底盘部分被分为三部分，能够进行折叠以收纳在阿波罗登月舱内。

月球车上装载有在月球表面上使用的各种工具，还有样品采集箱，此外还安装有由地面控制中心直接

🔅 3D 建模软件制作的阿波罗月球车的模型

🔺 1971 年阿波罗 15 号的阿波罗月球车

🔺 宇航员尤金·塞尔南在阿波罗 17 号任务中，对刚从阿波罗登月舱卸下的月球车进行测试

高增益S-波段天线（电视信号用）
地面控制用电视监视器
低增益天线（语音信号用）
控制及显示操作台
自动升降接收器
月球通信中继单元
月面移动重力计
月球车尾部集装架

⚙ 阿波罗月球车搭载的各种仪器设备

控制的电视摄像机和由宇航员操作的彩色摄像机。月球车的四个轮子各由一台蓄电池发动机驱动，最高行驶速度为13千米/时，最大行程72千米，宇航员可以操纵手柄驾驶月球车前后左右行驶。宇航员可以利用月球车上的伞状高增益天线，直接与地面控制中心进行通信联系。同时，月球车上的彩色摄像机和传输设备，可以向地球实时发回宇航员在月面上活动的情景，以及离开月球和返回环月轨道时登月舱上升级发动机喷气的景象。

每辆阿波罗月球车都分别在月面被派出"巡视"过三次，每次任务为期三天。

阿波罗月球车在月面执行任务情况汇总

任务	总驾驶距离	总计耗时	单次任务最长距离	离开登月舱最远距离
阿波罗 15 号	27.76 千米	3 小时 02 分钟	12.47 千米	5.0 千米
阿波罗 16 号	26.55 千米	3 小时 26 分钟	11.59 千米	4.5 千米
阿波罗 17 号	35.89 千米	4 小时 26 分钟	20.12 千米	7.6 千米

第6章
小步与一大步

>>>

6.1 美国宇航局的发展壮大

美国航天事业发展初期的许多方面，都可以用混乱来形容。海陆空三军、专家团体以及高等院校全都有自己的经费、技术和科研设备，但是没有一个单位有足够的权威去组织调用这些资源。于是，航天技术各个科研力量在彼此的博弈与较量中缓慢发展。

苏联不断有航天技术方面的新进展，而美国先锋火箭却接连发射失败。空间技术发展的管理问题在美国引发了大量讨论，政府与公众都参与其中。空间资源的科研与应用价值在不断提升，军事价值倒在其次了。大量的资源掌握在军方手中，导弹技术得到了快速发展，可空间技术成果实在让人无法满意。军方主导的空间科研必然会以军事目的为核心，各军种还会互相竞争，分散资源。而民用技术部分将无人引领，这有违和平开发太空的趋势，国际空间合作更无从谈起。

经过数月的讨论分析，美国总统艾森豪威尔决定对国防系统进行改组，改组的目的是实现统一领导，将权力划归到国防部，避免各军种之间的竞争带来无谓的资源消耗。

改组后，指挥渠道将变为从总统和国防部长直接下达命令到任务的指挥者，而不必经由三军部长；三军部长则集中力量完成军方任务；经费只拨给国防部长，加强国防部长的权力与控制。这套改革方案涉及的利益面太大，牵扯的人太多，简直就是从军方的嘴里抢肉。

1958年，这一改组方案花了几个月的时间完成制订，并由艾森豪威尔签署。然而整个过程却被艾森豪威尔称为"最惊心动魄的立法斗争"。

在这次"斗争"期间，艾森豪威尔颁布了《太空法案》，将太空研究计划、方向和目标以法律的形式确定了下来，并提出要成立国家宇航局来接管国防部的非军事火箭及太空计划。国家航空咨询委员会(NACA)同年解散后归入美国宇航局，原来的三个实验室经过人员扩充之后升级为研究中心。军方太空计划的人员、经费和设备也很快归入美国宇航局。

融合了多方力量的宇航局迅速壮大，并成立了载人太空飞行局。在阿波罗计划时期，载人太空飞行局成立了阿波罗计划办公室，主管计划的三大执行部门：马歇尔太空飞行中心、休斯敦载人航天飞行器中心和肯尼迪航天中心。

凭着主持发射了美国第一颗人造卫星，冯·布劳恩小组名声大噪。1959 年，宇航局按照艾森豪威尔总统的命令，将冯·布劳恩所在的陆军弹道导弹局划归到自己名下，并随后组织成立马歇尔太空飞行中心。在阿波罗计划期间，马歇尔太空飞行中心研制的土星 V 号

休斯敦航天中心

运载火箭也一直随着飞船要求的改变不断提高性能。

马歇尔太空飞行中心于1960年组建，核心成员是以冯·布劳恩为首的原德国火箭专家小组。这个小组原本在美国新墨西哥州按照美国陆军的计划进行 V-2 导弹的实验，但内陆地区各方面实验条件有限，迫使团队将实验地点更换到了更靠海的亨茨维尔红石兵工厂。亨茨维尔这个普普通通的小镇兴起了一股火箭热潮，并因此而成长为世界知名的火箭城。

休斯敦载人航天飞行器中心，也就是后来的约翰逊航天中心，核心成员来自宇航局兰利实验室的太

马歇尔太空飞行中心

🔺 肯尼迪航天中心

空任务小组。

休斯敦航天中心要负责载人宇宙飞船及相关设备系统的设计研制与试验，同时负责宇航员的选拔和训练，开展基于空间的医学、工程、科学实验，在登月计划执行期间还要负责宇宙飞船的指挥。

因此，与其他航天中心不同的是，休斯敦航天中心要全程负责宇宙飞船的指挥和监控。

位于卡纳维拉尔角的肯尼迪航天中心，由曾经的航天发射场扩建而成。在建成后，肯尼迪航天中心的主要任务是执行载人飞船、无人卫星装配检查工作，以及发射、跟踪和部分测控。

事实上飞船进入轨道之后，肯尼迪航天中心就没什么工作要做了，但作为发射场地，对外直播使这里的各项工作都有了足够的视觉冲击力，每次重大活动都会吸引大批民众，因而多了针对公众的科普宣传功能。

三个航天中心共同担负着阿波罗计划的各项任务，但因为组建之初就有各自完整的核心团队，因而阿波罗计划办公室的要求常常没什么权威性。办公室第一任主任霍尔姆斯的要求经常被当作建议而不是命令，就算他本人亲自前往也通常是碰一鼻子灰（后来，霍尔姆斯也因为要求提高办公室权限未果而辞职）。

6.2 阿波罗登月程序

阿波罗计划确立之后，最早比较符合实际的方案有两种：直接登月方案和地球轨道交会方案。

实施直接登月方案需要性能强大的运载火箭，携带宇航员从地球出发，直接飞往月球并着陆，完成任务后从月球发射返航。这种方案不需要研发太多新的技术，唯一需要的就是更好的火箭，而且描述起来，在工程上有着简单粗暴的魅力，因此吸引了许多人的注意。但这种方案的不足是在月面着陆的火箭重量很大，月面不一定能够承受。其实，最大的困难是更强大火箭的研制可能需要很长的时间。

地球轨道交会方案指的是用几枚土星火箭将大型飞船的各个部分分别发射到地球轨道上，并在地球轨道上完成对接。之后，飞船用自身动力飞向月球，到达月球附近反向减速完成着陆。返回时飞船抛掉一级发动机，使用上升发动机返回地球。这种方案需要实现飞船部件的轨道对接，但是预计的实现时间却要早于直接登月的方案，因此这种方案也有了大量的支持者。

对两种主流方案一直争论不休，其他的方案基本上一提出来就遭到了否决。

兰利研究中心一直在寻找更为合理可行的方案，与其合作的伏沃特公司听说之后，自掏腰包开展研究，期望能拿出有效的成果，以便在宇航局的大型航天计划中分一杯羹。

兰利研究中心与伏沃特公司在经过精细缜密的计算之后，最终设计出了月球轨道交会的方案。

这种方案中，飞船分为三部分，总重 19.2 吨（乘员舱 3 吨，服务舱

4吨，登月舱12.2吨）。飞船不需要整体在月球着陆，而是选择将登月舱分离出来单独登月，完成任务后返回月球轨道并与轨道上的舱体对接，之后再返回地球。但这种方案的问题在于，一旦登月舱返回时对接失败，宇航员必死无疑。

这个方案被多数人认为是愚蠢的，但兰利中心的工程师霍伯特却认为这个方案有意想不到的简洁。在展示这个方案时，宇航局副局长罗伯特·西曼斯碰巧看到，并给了霍伯特前往美国宇航局总部详细介绍该方案的机会。

霍伯特在讲解时，宇航局的许多人质疑他提供的数据及这个方案的安全性。然而之后，霍伯特却坚持月球轨道交会方案，并带领团队做了更深入的研究。

在此后的讨论中，霍伯特仍然没有得到更多的支持。多次游说未果，霍伯特只好暂时放弃。

有时候，认定的有价值的事情还是要坚持的，因为机遇有可能会在意想不到的地方出现。

登月方案难以取舍迫使宇航局和国防部成立专门的委员会，评估各项方案。最终的评估报告认为：月球轨道交会方案可以在1967年10月实现，成本约73.3亿美元；地球轨道交会方案可以在1968年7月实现，成本约81.6亿美元；直接登月方案成本约为63.9亿美元，但在1968年10月以前难以实现。

整个报告的结论显然对月球轨道交会方案最为有利，霍伯特也终于等到了转机，并因此再次开始四处游说。既然已经有足够详细的技术论证，他觉得干脆搏一把，让更多的高层看到自己的方案。于是，霍伯特直接给西曼斯写信。

西曼斯看完信后十分感动。然而，载人航天飞行办公室主任霍尔姆斯并不喜欢这种越级行为，而下一位阅读者乔治·洛也有同感。不过在考虑了其他方案的实际困难之后，乔治·洛认为霍伯特的方案确实是最佳的。

高层的观点必然会影响决策，而土星V号运载火箭与双子星计划的发展更是能够加速验证轨道对接技术。

此时，霍尔姆斯让请来的副主任谢伊专门负责登月技术方案。谢伊找到霍伯特，详细了解月球轨道交会方案后大加赞赏。

随后，他与载人航天飞行器中心的负责人吉尔鲁斯和费格特沟通，二人认为这的确是个很好的方案。

马歇尔太空飞行中心则选择继

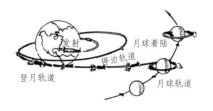

🔺 阿波罗登月飞行轨道示意图

续支持地球轨道交会方案，谢伊在调查之后发现，两个航天中心基本只对自己支持的方案感兴趣并投入了足够的资源，对其他的方案则缺少充分的理解。

于是，谢伊选择让马歇尔太空飞行中心研究月球轨道交会方案，让休斯敦航天中心研究地球轨道交会方案，并在研究有所进展之后促成两大中心的沟通。

此时，谢伊发现这两大中心对于自己的方案败给了不知名工程师的方案，有一种被打脸的感觉。

但道理都讲清楚了，工作也都做到了，马歇尔太空飞行中心的负责人冯·布劳恩还是没有给谢伊明确的答复。这说明还有其他的没有想到的原因。

霍尔姆斯与冯·布劳恩深入交谈后发现，除了技术上和心理上的原因，让冯·布劳恩犹豫的原因是，采用月球轨道交会方案，马歇尔中心的任务量将会减少。

霍尔姆斯随后再次和擅长技术、管理和外交的谢伊，一同说服冯·布劳恩。在1962年马歇尔太空飞行中心举行的会议中，马歇尔太空飞行中心的代表用了6个小时来陈述地球轨道交会方案的优势。之后，冯·布劳恩用一刻钟代表马歇尔太空飞行中心表达了态度：为了完成十年内登月的目标，登月方式的选择必须尽快达成一致，而月球轨道交会方案最为合适。

至此，阿波罗计划内部意见得到了统一，宇航局也开始真正联合。

6.3 不完美的起步

🔈 阿波罗 1 号遭遇不幸

阿波罗计划的不载人硬件实验进展顺利，实验结果表明运载火箭的多机并联技术、级间分离技术与飞船的结合性能都符合设计指标，飞船的防热特性、逃逸救生系统、遥控遥测系统也都能满足需求。于是美国宇航局决定开展载人试验。

第一艘阿波罗飞船以任务编号 AS-204 展开实验。参与实验的宇航员分别是格里索姆、怀特和查菲。实验正常进行，人们相信之前硬件实验的顺利会在载人实验中继续，然而灾难性的事故却突然发生。

🔈 1967 年 2 月 3 日，美国《时代》杂志以三位遇难的宇航员合影作为封面，以示哀悼

1967 年 1 月 27 日，在例行测试中，204 飞船的指令舱突然着火了，这个状况让所有人都没有想到。舱内的人试图出来却发现在舱内无法打开舱门，舱外的人顶着浓烟试图打开指令舱，但因为舱门没有采用爆炸螺栓，也只能使用蛮力。五分多钟过后，指令舱终于打开，人们看到了三位宇航员的尸体——他们因为窒息而死。

第一次载人实验就酿成了如此重大的事故，美国宇航局不得不暂时停止多个项目，专程调查火灾事故的成因。

指令舱的纯氧环境遭到了媒体的强烈抨击：连中学生都知道纯氧环境极易引起火灾，这么多的专家难道都不知道吗？

在多方的批评声中，阿波罗计划遭遇了前所未有的危机：外界开始怀疑宇航局的能力。

然而这并没有打消人们支持阿波罗计划的热情，所有人都更清楚地认识到，航天事业本身就极具风险，但征服太空值得用生命来冒险。

因为还处于试验飞行阶段，阿波罗飞船并没有系列编号。根据三位遇难宇航员家人的要求，204 号飞船被命名为阿波罗 1 号，其他几艘飞船也获得了相应的编号，201 被命名为阿波罗 1A 号，202 被命名为阿波罗 2 号，203 被命名为阿波罗 3 号。

参与事故调查的谢伊，因为巨大的压力导致工作生活完全紊乱，糟糕的精神状态使谢伊有了许多失常表现，于是他被调任到一个空职——脱离了阿波罗计划，半年之后他就离开了宇航局。

失去了得力助手的霍尔姆斯发现，自己的许多工作更加难以开展，根本无法指挥几大航天中心。在多次碰壁之后，霍尔姆斯愤而辞职。

这个尴尬的职位不久之后由宇航局局长韦伯邀请的乔治·穆勒接任。不过穆勒的接任条件是他有权对宇航局的行政结构进行全面整顿。

以冯·布劳恩为代表的马歇尔太空飞行中心，在运载火箭实验推进上采取了十分保守的渐进方式——这种试验方法安全性很高，但是需要耗费较多的资源，而且耗时很长。穆勒选择用全状态试验(All-Up Testing)的方法取代日耳曼式的保守策略。按照这种策略，运载火箭不再一级一级开展试验，而是各级直接采用完整的发动机，在一次试验中完成多项测试，节省时间和经费。时间上的紧迫一直让宇航局以及各个航天中心的负责人倍感压力，穆勒借此机会开始游说上层同时命令下级，在成功推进自己的试验思想的同时，也真正扩大了载人航天飞行办公室的权力。

根据穆勒的设想和航天飞行办公室主任乔治·洛的建议，宇航局制定了阿波罗 4 号以及以后的飞行试验步骤：

A. 阿波罗 4 号和 6 号用土星 V 号进行火箭和飞船的研制发射和再

入试验；

B. 阿波罗 5 号用土星 IB 号进行登月舱的飞行试验；

C. 阿波罗*号用土星 IB 号进行指令服务舱的载人飞行试验；

D. 阿波罗*号用土星 V 号进行指令服务舱/登月舱的载人飞行试验；

E. 阿波罗*号用土星 V 号进行指令服务舱/登月舱的载人高轨道飞行试验；

F. 阿波罗*号用土星 V 号进行指令服务舱的载人月球轨道飞行试验；

G. 阿波罗*号用土星 V 号载人登月。

其中，*号表示未飞行没有正式编号的飞船，待计划进展情况而定。

按照试验计划，阿波罗 4 号至 6 号都是无人飞行试验，试验结果证明土星 V 号的性能足够优越，穆勒的试验思想也切实可行。

阿波罗计划的首次载人飞行由阿波罗 7 号执行，由技术相对成熟的土星 IB 号火箭搭载。试验的目标是验证指令服务舱与乘员的配合性能、载人飞行时运载火箭及发射设施的适应性及指令服务舱的交会性能。

任务本身 3 天时间就可以完成，

不过为了更多地积累数据，最终的飞行时间延长到了 11 天。飞船舱内空间较为宽阔，这让宇航员十分满意，观众们通过电视转播看到宇航员们在失重状态下的生活也都惊叹不已。

经过 11 天的飞行，阿波罗 7 号飞船成功溅落在大西洋，试验非常成功，飞船的交会性能得到了验证，指令舱再入时的防热系统也通过了考验。唯一令宇航员们不满意的大概就是食物了，"船"上的食物不太好吃而且准备起来很麻烦。

阿波罗 8 号在发射前，就其要执行的具体任务，美国宇航局内部

执行阿波罗 7 号飞行任务的土星 IB 号火箭发射升空

发生了很大争执：马歇尔太空飞行中心的态度倾向于保守，将土星V号的载人飞行推迟，但宇航局认为不能耽误进度，制订任务要大胆。

↑ 阿波罗8号飞行任务标志

可能是为了体现自己的大胆，乔治·劳建议阿波罗8号进行不带登月舱的载人绕月飞行（因为登月舱到时候可能还没有建造好）。许多人认为他疯了，但是仔细推敲之后又觉得很合理。在多次的游说与讨论之后，阿波罗8号的任务最终得以明确：验证飞船在外层空间飞行时的性能是否适应宇航员的工作和生活要求；验证人工驾驶宇宙飞船的可能性；试验操纵飞船进入和脱离月球轨道；验证指令服务舱导航系统性能与地面通信联络的特性以及中途校正飞行轨道的特性；鉴定宇航员使用的消耗品和温度控制系统；对月球和以后的阿波罗飞船着陆区进行摄影观测。

↑ 阿波罗8号使用的土星V号被拖入39A号发射台

阿波罗8号的三位宇航员分别是指令长博尔曼、指令舱驾驶员洛威尔、登月舱驾驶员安德斯。人员按照标准配置，只是没有登月舱。1968年12月21日，三人作为远离地球的人类，在前往月球轨道的途中，不断刷新着人类远离地球故乡距离的纪录。

在绕月飞行期间，月球轨道器相机拍摄了许多清晰度很高的月面照片，很容易分辨出适合登月舱降落的地区。三位宇航员也是第一次看到了月球背面的景象。地面指挥

↑ 从阿波罗8号看到的地球（由阿波罗8号机务人员威廉·安德斯于1968年12月24日拍摄）

阿波罗 8 号三名成员作为 1969 年 1 月 3 日《时代》杂志的封面人物

中心的播音员也通过电视监视器上的画面，不断向全球观众介绍月貌，分享宇航员们见到奇观的快乐。

很快，圣诞节到了。安德斯、洛威尔、博尔曼三位宇航员依次朗诵了《圣经》"创世纪"中的段落。圣诞夜，来自月球的《圣经》朗诵，让人们更加深刻地感受到了太空飞行的魅力。这次大胆的飞行任务尝试，也使登月的目标更近了一步。

登月舱研制完成之后，阿波罗 9 号面临登月舱性能试验的首次考验。最终，其任务分为两大部分，其中基本任务是检验登月舱的性能以及其与指令服务舱对接的性能。附加的重要任务就是试验用于舱外活动的新宇航服和便携式生命保障系统背包。这次飞行任务需要将载人登月之前需要完成的试验补充完整。

戴维·斯科特出舱进行太空行走

与指令舱分离后的登月舱

三位宇航员麦克迪维特、斯科特和施维卡特先试验了服务舱发动机的变轨能力，然后对登月舱内计算机与下降发动机性能进行了检查。第二天，宇航员将登月舱与指令服务舱分离，施维卡特与斯科特先后身穿宇航服分别从登月舱和指令舱探出身子相互致意并拍摄了照片。登月舱的姿态、机动性能以及与指令舱再次分离、交会、对接的试验都顺利完成。宇航员们的辛苦是值得的，他们已经为载人登月完成了所有试验。

阿波罗 10 号已经具备执行载人登月任务的能力了，但是宇航局认为还是应该慎重，在正式载人登月前完成一次完整演练，这样可以模拟应急返回的程序。最终，阿波罗 10 号的任务被确定为开展除登月以外的完整"彩排"：在月球轨道上，登月舱正常分离、下降，离月面有一定高度时，通过上升发动机返回月球轨道，与指令服务舱对接后返回地球。

阿波罗 10 号完成试验任务之后，美国宇航局所有人都确认登月计划程序完整、设计可靠，只待阿波罗 11 号完成人类的登月创举。

⊙ 阿波罗 10 号所看到的"地出"

6.4 阿姆斯特朗的一小步

登月三人组

作为宇航员，能够进入太空执行任务，是自己的职责也是理想。作为阿波罗计划的宇航员，能够执行登月任务更是荣幸之至。在阿波罗计划中，宇航员都是三人一组参与训练，每次飞行除了当值的三名宇航员要准备执行任务，还会有三位同样能够胜任任务的替补宇航员。能够成为首次载人登月的宇航员，除了自身素质过硬，还要看运气。最终足够

阿波罗 11 号的任务标志

幸运的宇航员是指令长阿姆斯特朗、指令舱驾驶员科林斯和登月舱驾驶员奥尔德林。

阿姆斯特朗是一个冷静到近乎冷漠的人，但是对航空与飞行，却有着近乎狂热的喜爱。尽管父亲没有钱供他上大学，但阿姆斯特朗通过自己的努力拿到了海军育英奖学金，成功地进入大学学习航空工程。后来，他成为海军军官，并担任战斗机飞行员。此后他继续了航空工程的学习，还以非军方飞行员的身份参加了 X-15 超高音速试验机的试飞，还创下了当时的最快飞行速度纪录。在载人航天飞行计划广泛征募宇航员的时候，阿姆斯特朗却持观望态度。但是当看到宇航员格伦完成

左起：阿姆斯特朗、科林斯、奥尔德林

了环绕地球的飞行之后，他再也坐不住了，立刻报名申请。

奥尔德林则出生在拥有深厚航空背景的富裕家庭，由于家庭环境的熏陶，他自小对飞行有着浓厚的兴趣，希望自己将来能成为一位飞行员。不过由于太过贪玩，成绩实在不好。但当飞行员的梦想成了奥尔德林努力的动力，此后，他的成绩得到了快速提升，成功地进入西点军校学习。之后，他成为空军教官，但却因为肝病暂时告别了飞行员生涯。在无聊的日子里，作为宇航员参与阿波罗计划成了他的目标，但因为没当过试飞员遭到拒绝。奥尔德林无奈之下选择了深入学习，于是去麻省理工学院拿了个博士学位。次年的宇航员选拔不再要求试飞员资质，奥尔德林如愿成为一名宇航员，并与指令长洛威尔参与了双子星 12 号的飞行。

科林斯出生于一个军人家庭，家中有多人曾身居军方高级职位。从西点军校毕业后，他成了战斗机飞行员，但是在军事基地的生活让他觉

得实在无聊。于是，热爱挑战的科林斯服役期满后选择成为试验机试飞员。当他发现宇航员这一职业更有挑战性之后，立即报名参与了选拔，他与奥尔德林同一期被录取。

三人严谨冷静的行事风格以及对太空飞行的热忱，都是宇航员所必备的素质。

宇航局将这次正式的载人登月任务公开后，三位宇航员什么都没做就已经家喻户晓了。卡纳维拉尔角聚集了大批民众，帐篷、汽车随处可见，一千余名警察被派出维护秩序。

因为前面几次阿波罗飞船试验积累的经验，阿波罗 11 号从发射到入轨以及指令舱和登月舱对接都十分顺利。轨道与姿态没有偏离，发动机就不需要工作——从地球到月球，成为一趟漫长而平静的旅程。

错过的月球登陆点

1969 年 7 月 19 日，阿波罗 11 号飞经月球背面，飞船点燃了主火箭使飞船减速进入了月球轨道。在环绕月球的过程中，三名宇航员通过舷窗在空中辨认出了计划中的登月点。

阿波罗 11 号的登陆地点选在静海的南部，准确地说，是在月球的北纬 0°40'26.69"，东经 23°28'22.69"，那里有一个名为 Sabine D 的环形山，登陆点就在这个环形山的西南 20 千米。选择这里作为登陆点是根据之前的游骑兵 8 号、勘察家 5 号以及月球轨道器等"先头侦察部队"提供的信息而做出的决定。这里的地势比较平坦，降落以及开展舱外活动不会有太多的困难。因此这个登陆点被阿姆斯特朗称为"静海基地"。

1969 年 7 月 20 日，世界标准时间（UTC）18：11，飞船再次飞经月球背面，登月舱

阿波罗 11 号的指令舱被命名为哥伦比亚号，这个名字是用来纪念发现美洲大陆的哥伦布的。作为探索新领域的飞船，这个名字再合适不过了。至于登月舱，最终的名字叫作鹰，这是凡尔纳的小说《从地球到月球》中登月舱的名字。

阿波罗 11 号宇航员坐车去往肯尼迪航天中心

阿波罗 11 号在肯尼迪航天中心发射升空

鹰与指令舱哥伦比亚号分离。此时，科林斯一个人留守在哥伦比亚号上，仔仔细细地检查了分离后绕轴旋转的登月舱，确保这个飞行器一切正常。随后，科林斯做了一个简单的告别手势，意思是"二位多加保重，咱们回见"，便随指令舱离开了。科林斯的任务是留在指令舱中，并环绕月球飞行。在随后的 24 个小时中，他通过监测控制中心与登月舱之间的通信来了解两位伙伴的情况，并祈祷登月过程一切顺利。

与指令舱分离后，阿姆斯特朗和奥尔德林启动登月舱的推进器并开始下降。但当他们向月球表面降落时，过载的警报器开始响起，他们意识到"飞过头了"。登月舱在下

降过程中多飞了 4 秒钟，这意味着登月点会偏离到原计划西面好几千米的距离。此时导航计算机也出现了若干次异常的程序警报。在位于休斯敦的约翰逊航天中心，飞行控制指挥官史蒂夫·贝尔斯面临着一个关键的、并且需要在一刹那间做出的决策——终止登月计划或按照原计划继续行动。

如果终止登月计划，由于登月舱上的燃料仅够一次使用，这就意味着要终止此次登月的整个飞行计划，一切都将前功尽弃。此时容不得瞻前顾后，只能"凭直觉"做出决定，贝尔斯的直觉告诉他，可以放手一搏。

此时，登月舱内的阿姆斯特朗通过舷窗，发现他们正处在一块岩石和一片硬地之间。计算机的错误导致他们飞过了预先选好的着陆区

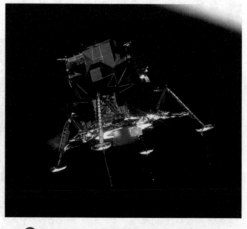

与指令舱分离后的"阿波罗"11 号登月舱

域，而且燃料也快要耗尽。阿姆斯特朗果断选择了手动控制登月舱。登月舱高度不断下降，燃料也即将耗尽。庆幸的是，阿姆斯特朗终于在遍布砾石和陨石坑的月球表面找到了一块适合着陆的地方，并操作登月舱稳稳地降落在月球上，此时准确的登陆时间是美国休斯敦时间1969年7月20日下午4时17分43秒。

阿波罗11号登陆点——宁静海（圈内部分）

登月舱里，阿姆斯特朗和奥尔德林相互看了一眼，不约而同地笑了起来。在休斯敦飞行控制中心内，原本鸦雀无声，当他们听到阿姆斯特朗的声音"休斯敦，这里是静海基地，鹰着陆成功"后，飞行控制中心顿时爆发出一阵热烈的欢呼声。而登月舱内，两名宇航员把手伸在一起，默默地握了一下。

登月舱降落后不久，出舱准备工作开始之前，奥尔德林通过无线电向地球念道："我是登月舱的驾驶员。我想利用这个机会让所有正在听的人，不论他们是谁或在哪里，静下来，回顾一下过去几小时内所发生的一切，并以他或者她自己的方式表示感恩。"

登月过程中的程序警报后来经证实是错误的，原因是登月舱的对接雷达在降落阶段没有关闭，而计算机仍在监视并不需要的雷达信号。由于在如此紧要的关头做出了果断的决定，史蒂夫·贝尔斯后来获得了一枚总统自由勋章。

登上月球

登月舱降落后的六个半小时内，阿姆斯特朗和奥尔德林为出舱做了一系列的准备工作，包括对着陆场地进行观察以确定安放实验器材和一面美国国旗的位置等。整个准备工作消耗的时间比计划超出了两个小时。

按照最初的设计，奥尔德林是登月舱驾驶员，理应率先出舱。但是他的座位靠里，若要先出去还得跨过阿姆斯特朗。于是临时做了调整，由阿姆斯特朗首先出舱。也正是因为这一决定，让阿姆斯特朗名声大噪。

1969年7月21日2时56分（UTC），阿姆斯特朗扶着登月舱的阶梯踏上了月球的表面，此时他通过无线电传递给地球的是整个登月计划中最经典的一句名言："这是我个人的一小步，但却是全人类的一大步。"

月面活动

奥尔德林不久也走出了登月舱，踏上了月球。两人在月球表面活动了两个半小时。阿姆斯特朗首先对阿波罗11号登月舱进行了拍摄，以供工程师对登月舱降落后的情况做出判断。之后他使用安装在一根杆子端头的采样袋进行了应急土壤采样，并将样品袋折叠塞到了右侧大腿上的储物袋中。接下来他从携带的仪器设备中取出了电视摄像机，并完成了一次全景拍摄，之后将摄像机安装在距登月舱12米远的三脚架上。

⬆ 奥尔德林在月球表面安装试验仪器

奥尔德林还测试了包括双脚跳在内的几种在月球表面走动的方法。尽管生命保障背包造成了一些后坠的趋势，不过两名宇航员在保持平衡方面的问题并不太严重。随后他们发现，跨步跑是在月球上最适宜的行走方式。宇航员们报告称，必须得提前六七步规划移动方向，因为月球表面的土壤非常细腻，所以很滑。奥尔德林报告说：在从阳光走入阴影的过程中，太空服内部温度没有变化，但头盔里在阳光下的感觉要比在阴影中暖和。

在月球上安放美国国旗之后，宇航员们与美国总统理查德·尼克松通了电话，这次电话交谈被尼克松称为"从白宫打出的最具历史性的电话"。尼克松原本准备在电话中作一个较长的演说，不过时任驻白宫的美国宇航局阿波罗11号联络员弗兰克·博尔曼说服了尼克松，最

⬆ 宇航员在月球表面留下的脚印

终将这次通话时间进行了缩减，以示对肯尼迪登月遗愿的尊重。

宇航员们在月球表面安放了阿波罗计划初期的科学实验组件，其中包括一台被动式地震仪和一台激光测距反射镜。之后，阿姆斯特朗在距离登月舱 120 米的位置对东部环形山的边缘进行了拍照，同时奥尔德林取出了两根岩芯，取样过程中他使用地质锤敲击钻杆，这是整个阿波罗 11 号任务中唯一一次使用地质锤。随后，两名宇航员使用铲子和带爪的探杆进行了岩石标本收集。因为许多工作时间都超出了预定时间，所以宇航员们不得不中途停止了记录标本的工作。

这时，控制中心警告阿姆斯特朗的代谢率过高，必须慢下来。不过因为舱外活动的总体代谢率低于预期，所以任务控制中心最终允许宇航员将舱外活动延长 15 分钟。

在月面上两个半小时左右的时间里，除了放置科学仪器，他们留在月面上的还有一面美国国旗和一个纪念牌，纪念牌上画有两幅地球（东半球和西半球）的图像、题字、宇航员的签名和理查德·尼克松的签名。纪念牌上的题字为：公元 1969 年 7 月，来自地球的人类第一次登上月球，我们为全人类的和平而来。

离开月面

圆满完成月面的工作任务后，奥尔德林先爬进了登月舱，与阿姆斯特朗一起将拍摄的胶片和两个装有 21.55 千克月面样本的盒子运进登月舱。阿姆斯特朗随后跳上爬梯的第三级，也爬进了登月舱。为了减轻登月舱上升级的重量以返回绕月轨道，两名宇航员在转换到登月舱上的生命保障

首次登月使用的是慢扫描电视与商业电视的组合，即画面先放映在特殊的显示器上，之后由一台普通电视摄像机对着这台显示器拍照，这种中继的拍摄方法大大降低了画面的质量。画面信号首先由位于美国境内的金石深空通讯中心接收，但位于澳大利亚的金银花溪跟踪站获取的信号保真度更高。几分钟以后信号转接到灵敏度更高的澳大利亚帕克斯射电望远镜。尽管直播遇到了许多技术和天气障碍，首次月面舱外活动模糊的单色画面还是向全世界至少 6 亿人进行了转播。虽然这段视频存世数量很大，但保存于美国宇航局的原始慢扫描原版录像却在一次日常洗带操作中被毁。所幸文档录像的副本最终在登月直播的一个地面接收站——澳大利亚的珀斯被找到。

登月舱的上升段离开月球，准备与指令舱对接

系统后，开始将宇航服上的便携式生命保障系统背包、月面套鞋、相机和其他一些设备抛弃在月面上。之后，他们重新对登月舱加压，接着就去睡觉了。

在进入登月舱时，奥尔德林不小心碰坏了解除上升级主发动机保险的开关，最初人们担心没有这个开关将无法点燃引擎，以至于使宇航员们困在月球上无法返回。幸运的是这个开关用一个圆珠笔就可以打开，如果不是这样，宇航员们就得重新设置登月舱的电路以点燃上升级发动机。

在休息了约 7 个小时以后，指挥中心叫醒了两名宇航员，并指示他们进行回航准备。又过了两个半小时，17:54（UTC）时，他们乘坐鹰号上升级离开月面返回绕月轨道，与指令舱哥伦比亚号上的指令驾驶员科林斯会合。随他们返回的还有 21.55 千克的月面样本。

登月舱上升级上的影片记录显示，在起飞阶段，放置在离下降级 7.6 米远的美国国旗被上升发动机喷出的气体猛烈吹动。随着降落场慢慢离开视野，旗子似乎已经倾倒，据奥尔德林说："登月舱的上升级与下降级分开……我当时正盯着电脑，尼尔（阿姆斯特朗）正看着高度表，但我还是看了一眼，发现旗子倒了。"

在阿波罗 11 号之后，所有登月飞船放置在月面上的美国国旗都至少离开登月舱约 30 米，以避免被上升发动机吹倒。

在与哥伦比亚号会合之后，鹰号登月舱被抛弃并留在绕月轨道上。据美国宇航局报告称，鹰号的轨道逐渐降低最终在"某一地点"与月球相撞。

返回地球

宇航员们于 1969 年 7 月 24 日返回地球，他们的降落地点为北纬 13°19'，西经 169°9'，距回收船大黄蜂号 24 千米。在降落约一小时后，宇航员们被回收直升机发现。尼克松总统亲自登上了回收船，欢迎英雄宇航员返回地球。

为避免从月球带回未知病原体，阿波罗11号的乘员在返回地球后被隔离。隔离了3周之后，宇航员们并没有任何情况发生。1969年8月13日，宇航员们离开了隔离区并接受美国民众的欢呼。

同一天，在纽约、芝加哥和洛杉矶都进行了庆祝游行。当晚，在洛杉矶为阿波罗11号乘员举行了国宴，出席的人员有国会议员，44位州长，首席大法官和83个国家的大使。总统尼克松和副总统斯皮罗向每位宇航员颁发了总统自由勋章。

这次庆典只是一个长达45天的名为"一大步"巡游的开始，在这次巡游中宇航员们去了25个国家，

⬆ 哥伦比亚号指令舱安全溅落在海面

⬆ 尼克松总统欢迎三位登月宇航员的归来

　　美国宇航局选择在拉斯维加斯的一块最荒芜的地方对宇航员进行模拟登月训练，因为那里的地貌最接近月球表面，而这里也是印第安人的"保护区"。

　　登月前的一天傍晚，阿姆斯特朗散步时遇到了一位印第安老人。他知道印第安人信奉月亮神，相信"神"住在月亮上，就不无炫耀地告诉老人自己马上就要飞到月球上去。老人听后眼里顿时闪现出不安的神色，但请求他到了月亮上用印第安语来问候"月亮神"，帮自己带去对神的问候和祝福。阿姆斯特朗同意了，并背下了老人教他的印第安语。

　　登上月球后，印第安语当然没有派上用场。回到地球，在训练基地的厨房，阿姆斯特朗遇到了一个帮厨的印第安小伙子。出于炫耀，他把那段印第安语背了出来。小伙子听后，露出了惊讶的表情，他说这段印第安语翻译过来是："不要相信你眼前的这个人，他骗取你的信任只是要抢走你的土地！"

　　这件事让阿姆斯特朗失落了很长一段时间。

1969 年 7 月 21 日,《华盛顿邮报》头版头条报道美国宇航员成功登陆月球

期间还拜访了许多著名人物。许多国家为庆祝人类第一次载人登月成功,还发行了纪念邮票或纪念币。

1969 年 9 月 16 日,三名宇航员在国会山举行的参众两院联席会议上发表演讲,并向众议院和参议院分别赠送了一面随他们登月的美国国旗。

阿姆斯特朗在月球表面迈出的只是一小步,但登月对人类而言却是一大步。这一大步是由无数人在漫长的岁月中,坚守不灭的探索精神与不断积累科学技术后共同迈出的。

在纽约举行的盛大庆祝巡游活动

6.5 两次遭遇雷击的阿波罗 12 号

阿姆斯特朗三人组合完美地执行了阿波罗 11 号人类第一次登月任务，极大地增强了美国宇航局上上下下的信心。仅仅四个月之后，1969年 11 月 14 日上午 11 时 22 分，由美国土星 V 号运载的阿波罗 12 号飞船矗立在肯尼迪试验场 39 号发射台上准备发射，火箭连同飞船全长 111 米。

阿波罗 12 号执行的是阿波罗计划中的第六次载人任务，也是人类第二次载人登月任务。此次登月的任务目标包括：在着陆区采集标本；验证精确着陆技术，进一步评估人类在月球表面较长时间工作的能力；部署回收阿波罗 11 号登月时放置在月球上的科学仪器，并为准备进一步探索的地点拍摄照片；将月表实验设备留在月球上，继续收集一段时间的科学工程数据等。

阿波罗 12 号的飞行轨迹与阿波罗 11 号类似，只是阿波罗 12 号的环月轨道偏心率更大。此外，登月舱的上升段还要协助月表实验设备进行一次月震测量。当乘组返回之后，登月舱的上升段将烧尽剩余的燃料，碰撞月球，制造一次月震冲击。阿波罗 12 号任务三人组分别是指令长皮特·康拉德、指令舱驾驶员理查德·戈尔登以及登月舱驾驶员艾伦·宾。

都说雷电不会两次击中同一个地方，可阿波罗 12 号就是如此"幸运"，在发射过程中连续两次遭到雷击。就在发射前 6 小时内，周围无雷电，地面风速 7 米/秒，基本符合发射的气象条件。只是在距地面 240~250 米及650~33 000 米之间有两层云。

🔊 阿波罗 12 号的任务标志

火箭点火发射后，一切正常，飞行稳定。随着时间的推移，100多米长的火箭和飞船离人们渐远、渐小。火箭尾部喷出的火焰似乎在告诉人们它正按预定的程序顺利地飞向太空。成功的喜悦，愈来愈多地占据着人们的心田。可天有不测风云，当计时秒针走到第36.5秒、火箭飞行高度达到1 920米时，老天似乎突然发怒了，从云层到火箭直到地面之间发生雷电现象。只听到一声霹雳，就见两道平行的闪电从云中直劈下来，发射场上的4台摄像机，都拍下了这一瞬间，与此同时，3名宇航员也看到了闪电。

飞船燃料电池的保护电路受到干扰，宇航员误以为出现超载，结果将3台燃料电池全部断开。这一来，整个指令舱、服务舱的电气设备全部失去了可靠的供电。发射后52.5秒，飞船高度达到4 300米时，雷电又一次击中飞船，高度表被损坏，负责向地面传递数据的遥测系统也中断了工作，地面飞行控制中心突然失去了对飞船的全部遥测信号。

尽管雷电还没有影响土星V号的控制器，火箭暂时还能继续向前飞行，但是3台燃料电池的失效已经迫使整个指令舱、服务舱的电气系统都只能依靠备份电池在工作。然而，备份电池无法维持28V电源总线上高达75安培的负载。一路逆变器(将直流转换为交流的设备)已经被自动隔离关闭了。电源供电的不足几乎点亮了控制面板上所有的告警信号灯，并使大部分仪器都无法正常工作，火箭眼看就要摇摇欲坠……

就在这千钧一发的时刻，英勇的航天人表现出了超乎寻常的镇定和理性，特别是地面控制中心的飞行控制员约翰·艾伦和第一次执行飞船任务的宇航员艾伦·宾，通过惊人的默契和绝美的配合，使得阿波罗12号"起死回生"。不仅挽救了阿波罗12号载人飞船，也扭转了美国阿波罗计划的态势。

在雷击引起一系列的故障后，正当地面很多工作人员还没搞清飞船到底发生了什么，而飞行总指挥杰瑞·格里芬甚至认为不得不马上中止这次任务，命令宇航员乘坐逃逸塔离开飞船的时候，约翰·艾伦突然想起他以前见过这种故障模式。

也就是在此次发射的前一年，约翰·艾伦在肯尼迪航天中心就注意到遥测系统有时会出现一些异常的读数。当时完全是出于兴趣，约翰·艾伦对此进行了分析，并把故

● 遭遇雷电的阿波罗 12 号

障定位于很少被人注意的信号处理模块上。他是极少数能理解整个系统工作原理的飞行控制员之一，通过对原理的分析，他发现，即使火箭上电压不足，仍然可以通过将仪表系统的信号处理模块切换到它自己的备用电上，来维持正常的显示。

"继续飞行！将信号处理模块切至备电！"当约翰·艾伦下达这一口令时，因为来得太突然，地面飞控中心没有几个人明白他在说什么，飞行总指挥和通信指挥官双双要求他重复口令。不过极其幸运的是，艾伦·宾听明白了约翰·艾伦的口令。这是艾伦·宾第一次进入太空，他负责飞船上的电气系统。当艾伦·宾把电源切换至备电时，遥测系统一下子恢复了正常！随后，二级发动机点火，飞船上的宇航员们相互配合，最终解决了燃料电池故障。在环地轨道上，3 名宇航员又仔细检查了雷电对飞船的影响，

所幸其他部分没有发生严重故障，于是他们决定继续向月球进发。

约翰·艾伦当时担心控制降落伞打开的爆炸螺栓受雷电影响可能已经失效，如果真的出现这一问题，那么 3 名宇航员在返回时，将因为无法打开降落伞而摔死在太平洋上。再加上这一问题似乎无法解决，约翰·艾伦和其他地面人员只好对飞船上的宇航员隐瞒了这一猜测，让他们继续前进，以免导致更大的恐慌。不过幸运的是，他们成功登上了月球，并且顺利地完成了阿波罗12 号的任务。而约翰·艾伦那句口令也为他在美国宇航局赢得了"有着敏锐眼光的导弹人"的美誉。

有惊无险的阿波罗12号总算是顺利升空，并进入了月球轨道。指令长康拉德半自动地控制着登月舱下降了 152 米左右，此时整个飞行任务已经进行了 110 小时 32 分钟。1969 年 11 月 19 日世界时（UTC）06：54：35，飞船实现了准确着陆。

着陆后 3 小时，宇航员们开始了这次任务的第一次出舱。首次出舱，康拉德持续了 3 小时 39 分钟，艾伦·宾则持续了 2 小时 58 分钟。月球漫步过程中，康拉德采集了月球表面样本，并放置了 S 波段通信天线和测量太阳风的仪器，艾伦·

约翰·艾伦事后回忆说："我知道飞船在云层中,当时我一直担心闪电。我就一直在观察仪表盘,但我还是看到了闪电,紧接着听到了警报。我看了一下告警仪表盘,那真是一个让人终生难忘的场面,几乎所有与电气相关的报警指示灯都亮了!"试想一下,若没有约翰·艾伦对电气系统的深入了解和那份沉着镇定,恐怕很难做出这样非凡的判断。

其实,火箭在飞行中确实很容易诱发雷电。因为箭体本身很长,再加上火箭喷出的比自身长度还长的尾焰是导电的等离子体,箭体和尾焰就组成了一个相当长的导体,如果这个导体位于两片雷雨云之间,那就好比用一支很长的避雷针去诱发雷电。

在阿波罗12号遭受雷击事件后,美国宇航局也认真总结教训,并规定,为防止和减少火箭飞行中诱发雷电事故,在发射场附近有雷电时或云层厚度超过1 700米时,应停止发射。

🌑 阿波罗12号指令长皮特·康拉德走下登月舱,他成为踏上月球的第三人

宾则在三脚架上安装了电视摄像机。他们还安装了第一个月表核能发电站。在返回登月舱之前,艾伦·宾采集了一块厚达0.4米左右的样本。回舱后,两位宇航员吃了些东西,为背包补充给养,并休息了5个小时。

在次日的出舱中,宇航员们采集了约32千克的岩石和尘埃样本。此次出舱最重要的活动是在月球表面进行约1 585米的穿越,离登月舱最远达396米。在采集样本的过程中,宇航员还与休斯敦的地质学家讨论了样本的选取。此次出舱持续了3小时48分钟。

登月舱在逗留长达31.6小时之后离开了月球表面。因此,康拉德和艾伦·宾先后成为第三、第四个踏上月球的人。

任务期间,担任指令舱驾驶员的理查德·戈尔登留在月球轨道上,为后来的登月任务拍摄提供了许多照片。

阿波罗12号这次登月任务,有惊也有险,但是在睿智大胆的约翰·艾伦的镇定指挥和其他宇航员特别是艾伦·宾的积极配合下,有幸度过了惊险,且顺利完成了人类历史上的第二次登月。

阿波罗12号遭雷击后转危为安,并推进阿波罗计划顺利前行的故事已成为历史,但航天人在在面对重大险情时临危不乱而展现出的大智大勇,已成为航天史上的佳话,也激励着无数后来的航天人。

7.1 美式玄学

🌑 阿波罗 13 号任务标志

阿波罗 13 号因为设备故障飞船需要维修，发射日期被修改为 1970 年 4 月 11 日 13 时 13 分。3个 13 了，玄学家们不禁心情紧张，而洛威尔则不以为然。洛威尔是资深宇航员，他相信科学，绝不相信玄学。但是随着发射在即，糟糕的预感却挥之不去。其实真正让洛威尔不高兴的，是在发射只剩两天的时候，宇航局将原定的宇航员马丁利换下，由斯威格特接替，原因是马丁利没有注射过麻疹疫苗。洛威尔作为指令长向宇航局长争辩未果，只得接受这样的安排。

临时换将可不是好消息，不祥的预感笼罩着洛威尔。作为"老水手"，洛威尔先是在双子星 7号与 12 号飞船发射任务中参与飞行，之后随阿波罗 8 号飞船实现了人类首次载人环月飞行。他见得多了，担心也就多了，不像那两个后生，正兴冲冲地等着去看月亮，再顺便在媒体上亮个相呢。

其实在阿波罗 11 号和 12 号成功登月之后，媒体对阿波罗计划的热情明显开始降温。到了阿波罗 13 号发射，不管是肯尼迪航天中心的记者还是现场观众，相比前两次都大幅减少，主流媒体干脆没有现场转播阿波罗 13 号的计划。

不过，阿波罗 13 号飞船在发射前的最后检查

阶段，确实并不顺利。先是服务舱二号氧贮箱出口损坏，必须泄氧维修，随后下降发动机液氢贮箱也发生了故障。修理之后的二号氧贮箱排除了故障，但泄氧能力不足，设计人员决定用电加热的方式解决供氧问题。

好在维修后各系统都正常，大家很兴奋地准备飞行了。火箭搭载飞船准时发射，发射过程中的震动使飞船进入轨道时的参数与计划稍有不同，不过这些通过校正即可解决。

1970 年 4 月 11 日，阿波罗 13 号从肯尼迪航天中心升空

4 月 13 日，飞船进入地球轨道后，各系统工作正常，指令舱奥德赛与登月舱水瓶座顺利对接。在距离地球 30 万千米的远方，三名宇航员吃完饭后打开了水瓶座舱门开始电视直播，表演了失重状态下的工作和生活，最后洛威尔面对摄像头向所有观众送上了晚安祝福。

看起来一切都很正常，洛威尔开心地完成了直播，对自己的表现也颇为满意。由于出现了液氢贮箱压力偏低，宇航员与指挥中心沟通后决定打开贮箱扇叶搅动后改善温度，并在休息之前打开各个贮箱的扇叶检查状况。三位宇航员准备做完最后的这项检查就去睡觉。

但搅动扇叶的指令发出不久，船员们就感受到了船体剧烈的震动和巨大的响声。此时的窗外，雪花一样的碎屑正反射着明亮的太阳光。

7.2 "休斯敦，我们有麻烦了"

在地面检查时为了解决二号氧贮箱供氧不足的问题，设计人员决定采用提高电压用更强的电加热加速液氧蒸发的方法，将电器的工作电压从 28V 提高到了 65V。

在这套系统中，恒温开关负责监测氧贮箱的温度，使氧贮箱温度不超过 35℃。一旦温度显示超过了 35℃，实验人员会人工断开加热器电源。工作电压的大幅提高对电路器件提出了更高的要求，承包商比奇公司得到通知后将电气系统进行了更改，却忘了通知恒温开关的承包商。恒温开关仍然按照 28V 工作电压设计，65V 电压刚刚接通时便立即烧毁，温度检测同时失灵，于是氧贮箱的温度始终显示为 35℃，但实际温度却已经达到了大约 540℃。过高的温度将氧贮箱内导线外包裹的聚四氟乙烯绝缘层烤干崩裂，露出了导线中的金属。裸露的金属导线一旦发生短路，产生的高温将很快点燃处在氧气环境中的聚四氟乙烯。这个可以内部引燃点火的贮箱，早已成了一颗不定时炸弹，却在所有人都不知情的情况下跟着阿波罗 13 号踏上了奔赴月球的旅程。

二号氧贮箱扇叶于飞行时间 55 小时 53 分 20 秒接到指令开始运转，约一分半后，二号氧贮箱发生爆炸，漏光了全部氧气。巨大的

阿波罗 13 号服务舱的二号氧贮箱发生爆炸(动画模拟)

震动促使一号氧贮箱通向一、三号燃料电池的阀门关闭，只有通向二号燃料电池的阀门仍然打开着。三个燃料电池只有一个还能正常工作，阿波罗13号的电能严重不足。三位宇航员在这一分半的时间里，只看到贮箱明显升温，箱内压力值迅速上升，而箱内贮量值却不停地高低振荡，似乎传感器发生了故障。之后应该是有什么东西爆炸了，但却无法确认。他们只得向指挥中心报告："休斯敦，我们有麻烦了。"

此时的指挥中心已经收到了飞船上发生爆炸的消息，三个燃料电池只有一个可以正常工作，这意味着登月任务已经无法完成，一时间大家都颇为失望。至于一个氧贮箱显示几乎为零，一个贮量显示持续下降，地面人员相信这是电信号故障而非硬件问题。毕竟贮箱系统经过了数年的实验，已经十分成熟可靠。但遥测数据却显示此时飞船在做无指令的姿态调整，这绝对不是电信号异常能够引起的。忙着理清仪器故障信息的众人意识到了事情的严重。

洛威尔的报告发回了地面：飞船正在向外泄漏某种气体。休斯敦航天中心楼上的业余天文爱好者报告了同样的情形：飞船周围有一团

气体。看来故障并不是电信号错误，而是氧贮箱真的爆炸了。宇航员报告状况的语气冷静而沉着，但飞船已经十分危险，现在要考虑的不是能不能顺利执行登月任务，而是30多万千米以外那艘损坏的飞船上三个人的安全。

现场每个人都明白情况有多么紧急，但是事发突然，又没有太好的解决策略，指挥室一时陷入了一阵可怕的安静。

遥远的阿波罗13号飞船上，狭小的指挥舱里，三个人看着窗外阳光中模糊的气团与闪亮的碎片，也陷入了尴尬的沉默。强烈的失望笼罩着三个人，比飞船外包裹着的气团更让人压抑。海斯打破了沉默，指责斯威格特："你刚才的操作绝对有问题，你发完启动扇叶的指令之后，好好的飞船氧贮箱就突然爆炸了，而且不光一个炸了，另一个也跟着漏气，估计二号爆炸顺带着搞坏了一号。为了阿波罗13号登月计划训练了快两年，结果都到月亮跟前了却去不成，你太坑了。"

斯威格特也很委屈："我确实是发射前两天才调过来，但是之前我也一直在训练啊，绝对不会有低级错误。再说刚才启动扇叶也是奉命行事，是指挥中心要求的。飞船什

么时候设置了启动扇叶贮箱就爆炸的功能了？"

见两个年轻人发生争执，洛威尔赶紧打圆场："要是我，我也会遵照命令去执行。这么个简单的指令造成了这么严重的后果，问题肯定是在地面上就出现了，只是没人发现。"现在太空中的三个人不该争论谁有错误，而是要团结一心解决问题，回去之后再问问那些"地球人"到底是怎么搞的。

多年的严格训练与强大的心理素质让三人很快冷静下来，分析了当前的状况并与指挥中心进行了沟通。登月舱各参数正常，看来并未受损。指令舱还有一个正在不断泄漏氧气的一号氧贮箱，供给着二号燃料电池。但是当氧贮箱压力过低时燃料电池也将停止工作。

地面人员希望能挽救指令舱。一号氧贮箱的持续泄漏可能是因为燃料电池反应剂阀的故障，于是抱着一线希望建议宇航员将不能正常工作的一、三号两个燃料电池关掉一个查看效果。然而事实证明，这没什么用，坏掉的就是氧贮箱本身，氧气耗光只是时间问题，指令舱无法抢救了。

在先前的训练中，宇航员接受的一项特情训练是：在指令舱发动机（即服务舱推进系统发动机）发生故障时，使用登月舱发动机作为动力返航。但是指令舱完全失去能源这种情况被看作是不可能事件，所以没有相应的处置措施——这对宇航局的所有人来说，都是一个全新的课题，而且是一个未经准备就被迫开展实验且直接面对的课题。

7.3 返航方案

登月舱的发动机本是用来在月球表面与绕月轨道之间起降的，由于月球引力较小，发动机的推力与推进剂量都较小。氧贮箱发生爆炸时飞船距离地球约为 30 万千米，此时使用登月舱发动机让飞船返回共有两个方案，而且需要快速做出选择。一个方案是启动发动机克服掉当前的速度，反向加速改变轨道后返回。执行这个方案的前提是抛掉笨重的服务舱，但是服务舱抛掉之后，指令舱的防热层将长时间地暴露在恶劣的空间环境之中，防热层一旦损坏将直接影响宇航员的安全。另一个方案是既然飞船已经接近月球，那就让飞船绕过月球，在此期间启动登月舱发动机，将飞船调整到地球返回轨道上。第二个方案唯一的缺点是耗时加长，大概需要四天时间，但安全性却大大提高。

指挥中心决定选择第二个方案，于是立即组织飞行轨道动力学方面的专家研究返回方案。

方案很快确定了，接下来的问题是如何使用登月舱发动机进行方向校正了。登月舱的承制单位格鲁曼飞机公司一下子成了人们关注的焦点。登月舱的 16 台姿态控制发动机由一台自动驾驶仪控制，原本的设计是只用来控制登月舱的姿态而不包括其他舱体。格鲁曼公司的技术人员尝试用这台自动驾驶仪控制阿波罗飞船，以保持预定的姿态和方向，却发现行不通。

不过，格鲁曼公司在设计阶段考虑过未来的设备应用，即利用类似的但没有自动驾驶仪的动力系统控制一台天文望远镜观测月球，而天文望远镜的重量和指令舱加上服务舱的重量很接近，只是重心位置不同。在此项目研究的基础上略做修改，新的控制程序只要关闭自动驾驶仪即可正常使用。

休斯敦指挥中心很快将程序上传，姿态控制得以实现，但最关键的还是如何利用登月舱有限的能源让阿波罗飞船到达自由返回轨道。

在爆炸发生之前不久，为了使飞船更接近月球，宇航员进行过一次轨道校正，让飞船脱离了原本所在的自由返回轨道，而爆炸又进一步让飞船远离自由返回轨道并改变了飞船姿态。既要考虑十分有限的发动机能源，又要同时校正阿波罗13 号飞船的姿态和轨道，制订返回程序的工作难度很大。

事实上，地面人员从没有经历过如此巨大的工作压力，既要长时间保持精力高度集中，又要在紧急情况下快速制订出可行的解决方案。然而远方同伴的危险处境似乎激发了大家的潜能，一系列的工作都有条不紊地完成了。

在爆炸后的 5 小时 34 分，洛威尔完成飞船校准后按下了下降发动机的启动按钮。发动机以 10% 的推力启动并运行了 30 秒之后将推力提升至 40%，直到将飞船推入自由返回轨道。

在这条轨道上，飞船返回到地球大约需要数天时间，在到达地球大气层时抛掉服务舱与登月舱即可实现指令舱再入。然而从这条轨道返回却有两个问题：一个是溅落点在印度洋，不方便救援；另一个更为关键——返回时间太长了，会超过 152 个小时。

爆炸发生后的第一个小时内，登月舱设计部人员估算了飞船中消耗品的数量和使用时间：

氧：可供三名宇航员消耗 140 个小时；

二氧化碳：可保持正常水平 45.3 个小时；

水：每小时用 5.1 磅可使用 66 个小时，每小时用 4.1 磅可使用 82 个小时。

即使消耗品数量经过了保守估算，供应时间依旧严重不足，必须再次启动下降发动机实现变轨优化，来减少飞行时间。为此，地面人员经过讨论后提出了三种方案：

第一种是在月球附近启动下降发动机，长时间喷射后可使飞行时间缩短到约 77 个小时，溅落点在大西洋；

第二种是在返回地球途中启动下降发动机，这样可使飞行时间缩短到约 80 个小时，溅落点在南太平洋；

第三种是在飞船返回途中短时间启动发动机，溅落点在太平洋，但飞行时间要比方案二长约 24 个小时。

前两种方案在时间上更合适，但是都需要发动机消耗大量能源，基本上是孤注一掷。可是一旦这次变轨出现问题或是变轨成功之后遇到新的突发情况，飞船将成为没有任何动力的太空漂浮物，只能听天由命。第三个方案明显最优。

经过与三位宇航员进一步确认消耗品数量之后，最终方案把返回时长确定为 142 个小时，溅落点位置在太平洋。这是一个折中的方案，地面人员可以为飞船再入做更充分的准备，救援人员可以获得必要的准备时间携带设备前往溅落点。

7.4 月球来的"宅男"们

如果说经常宅在房间里会成为"宅男",那么阿波罗13号这三位宇航员真配得上这个称谓,虽然这不是他们愿意的。

洛威尔作为三人中的老大,老成持重,负责发布指令,处理关键性操作,同时稳定大家的情绪。在空闲时间他还会和地面人员聊天,偶尔还会用录音机播放音乐。播放到中国的音乐时,洛威尔问道:"现在中美关系不咋样,这会不会有什么政治上的麻烦?"地面人员则淡定得多:"你们不在地球上,不用担心。"

海斯则成了吐槽担当,一边思考人生一边吐槽地面人员先前工作的不足:虽然自己经历过单个氧贮箱故障时的特情训练,但是两个氧贮箱同时出现故障的训练则完全没有过。

与他们不同,斯威格特则乐观得多。他甚至把阿波罗13号飞船看作了两居室的公寓,失去了电力的指令舱被当作了卧室,登月舱则成了客厅。乐天派的性格使他完全不像身临险境,倒像在旅游度假。

"地球人"则在抓紧时间筹划飞船内的电能配置、飞船的轨道修正以及三个人该如何维持生命,但是因为没有实验数据,这些都只是粗略的估算。

两个氧贮箱同时发生故障之所以没有被作为特情进行训练,是因为"地球人"认为这种情况基本不可能发生;如果发生,这几乎等同于飞船完全爆炸,只能等死。然而现实就是这么残酷,看来做任何实验还是要考虑全面,不能太学究气。

在准备第二次启动下降发动机变轨期间,飞船正经过月球背面。洛威尔正忙着执行返回程序,但却隐约觉得忙来忙去都是自己一个人在干活。回头一看，自己的感觉是对的，那两位宅男正手拿相机忙着给月球拍照。洛威尔充满疑惑地告诉他们："要是点火出错轨道机动失败，你们的照片就没机会冲洗了，你们确定现在是拍照的时候？"

两人淡定地回答："道理是这样，不过好歹你以前就来过了，我俩这是头一回。"面对这种逻辑，洛威尔发现自己无言以对，只好默许。

这三位只能在"卧室"和"客厅"活动的宇航员，其实完全没有享受宅男生活的条件。看似轻松的生活，只是为了保持良好的情绪与清醒的意识。在封闭而且危险的环境中，心理素质一般的人早就崩溃了。即使是优中选优并且长期保持训练的宇航员，也必须用各种手段激励自己，因为各种问题总是接踵而至。

虽然阿波罗13号已经在返回地球的正确轨道上，但是消耗品的问题不解决，三人就一直处于危险当中。飞船中的食物储备即便足够，不过由于指令舱缺乏电能，许多食物无法加热以至于不能食用。但可以食用的东西精打细算也足够几天的航程了。至于氧气，也足够使用。指令舱失去了能源，只能通过登月舱电池进行充电，因为再入大气层

只能依靠指令舱。登月舱的电能必须留存一部分用来给指令舱电池充电，如果在返回过程中关闭了不必要的负载，其余的电能也将足够使用。

食物、氧气、电能经过计算后都可以解决，但水则成了大问题。因为飞船上的电器在运转期间都是靠冷水维持温度的，同时人也需要一定量的饮水。经过推算，他们关闭了部分冷水阀，也控制了自己的饮水量，这几个身体素质极其优秀的宇航员，也只能在严重脱水中勉强坚持着。

很快，又一个新的问题亟待解决：二氧化碳含量。正常的空气中二氧化碳的含量很低，然而在封闭空间中，人体排出的二氧化碳不能及时清理，含量将会很快增加。过高的二氧化碳含量将会使人中毒，直接影响神经系统。但登月舱用来吸收二氧化碳的氢氧化锂是为两个人准备的，无法满足三个人的需求。指令舱虽然有二氧化碳吸收器，但是对登月舱效果很差。飞行仅仅一天半，二氧化碳指示灯就发出了告警。

登月舱里的宅男们不得不向"地球人"求助。地面工作人员在模拟器中，根据飞船里能找到的工具和材料，开始设计新型二氧化碳吸收器。他们用储藏袋、胶带和硬塑

料本子外壳制成套在指令舱氢氧化锂罐子上的袋子，然后把宇航服的气体循环系统和软管拆下来，一头接袋子，一头连到登月舱。这套设备的工作方式是：宇航服气体循环系统将登月舱中的空气吸入指令舱的氢氧化锂罐中进行过滤，再通过软管将新鲜空气送回登月舱。这套设备的地面实验效果良好，洛威尔和

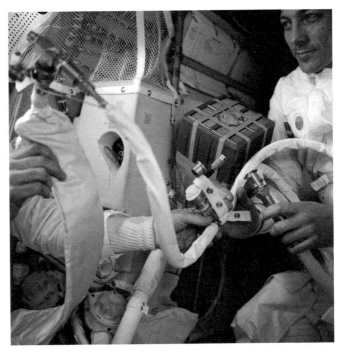

🔊 宇航员利用有限的材料制作的二氧化碳吸收器

斯威格特两人花了一个小时的时间制作了这套新设备，虽然长相丑陋，但是运行之后不久，二氧化碳含量告警就得到解除。

消耗品的问题得到了解决，但环境仍旧比想象中的更加艰苦。为了节省电能，不影响飞船基本功能的设备都被断了电，这其中就包括登月舱内的加热器。失去了舱内热源，即使有太阳光照射也无济于事。舱内温度很快就降低到了勉强超过 0°C。而狭小环境中湿度又很大，宇航服尺寸太大无法穿戴，"月球人"只能靠多穿一层衬衫勉强维持体温。潮湿与寒冷折磨着宇航员。海斯很快就因寒冷发烧了，严重的缺水还导致了肾炎。但为了节水，即使指挥中心百般要求增加饮水，三位宇航员也坚持着既定的标准。事实上斯威格特可能感觉更冷，在舱内不光身上冷，由于没有月球鞋，双脚无法保温使他更加难受。更可怕的是，寒冷使宇航员完全没有了正常的睡眠，加上要长时间保持清醒，监测飞船状态并与地面沟通，洛威尔与斯威格特虽然没有生病，但也很快精疲力竭了。

危险仍然一路跟随。地面的飞行动力系统人员突然发现阿波罗 13 号飞船的飞行轨道偏离到了再入走廊的外侧，这样的轨道会使飞船成为地

球的卫星，而不是再入大气层返回。为了节省电能，登月舱的导航系统早已关闭。地面人员很快制定出轨道修订程序，并交由宇航员执行，但判断再入角是否正常则只能通过人工手段。指挥中心让宇航员使用瞄准光学望远镜在特定角度对准地球晨昏线，只要能对准就说明再入角可用，不再需要调整。事实证明，尽管缺少一些精密设备，但就地取材使用现有的设备以及新方法，也是可以完成任务的。

这趟旅程的最后一天里，宇航员们已经极度疲劳，操作经常出错，甚至会听错地面指令。地面要求执行P41程序来启动姿态控制发动机，但宇航员却错误地启动了下降发动机。即使是经验丰富的洛威尔也失误了，将飞船船身旋转了18°。好在这些错误都被及时纠正，并没有造成恶性后果。对此，地面人员都表示理解：他们实在太累了，甚至维持清醒的意识都要用光所有力气。

总飞行时间第138小时，距离溅落还有4.5小时。洛威尔启动登月舱的4台姿态调整火箭将飞船向前推进，斯威格特则启动了爆炸开关将最前端的服务舱与中间的指令舱分离。随后，洛威尔启动反推火箭，使服务舱远离登月舱和指令舱。

随着飞船调整姿态，宇航员们第一次清楚地看见了爆炸造成的损伤情况。剩余的两个舱体在经过一

⬆ 阿波罗13号成功返回

⬆ 飞行控制中心内的工作人员为阿波罗13号成功溅落而欢呼

系列姿态调整，完成对导航星的对准之后，宇航员撤离到指令舱，关闭舱门，抛除了登月舱。三人目睹拯救了他们性命的登月舱在大气中烧成灰烬。

指令舱进入了大气层，宇航员们很快感受到强烈的过载，船体外壳和大气剧烈摩擦，电离层直接屏蔽了与地面的通信，大约经过三分钟才得以恢复。

在这三分钟里，指挥中心的所有人都情不自禁地站了起来，偌大的大厅里鸦雀无声。直到斯威格特回答通信员的声音传来，大家才松了一口气，欢呼声与掌声响彻大厅：这几个"月球人"终于平安回家了。

 ## 7.5 不朽的旅程

从登月任务的完成角度来看，阿波罗 13 号完全失败了，还没有到达绕月轨道就被迫取消了任务；三位宇航员登月梦想泡汤，大难不死，险中求生。不过令他们想不到的是，回到地球上后他们还是受到了英雄般的待遇。在海上获救之后，三位宇航员乘坐航空母舰到达了夏威夷，见到了迎接他们的家人。同时，还见到了专程赶到檀香山接见他们的总统尼克松。

在事故发生之前，阿波罗 13 号发射以及宇航员舱内活动根本没有什么主流媒体直播，因为大家都觉得是例行公事而已，已经没啥新鲜感。不过从 4 月 13 日发生爆炸的那一刻开始，阿波罗 13 号就开始受到了全美国乃至全世界的关注。世界各大报纸都详细报道了这次事故，连平时对航天飞行并不关心的人们都开始关注宇航员们的安危了。宇航局每天都在尽力解答大家的各种问题，但有一个问题却始终没有办法明确答复：他们能够安全回来吗？

尽管，这只是人类中几个个体遭受的灾难，但是所有热爱着航天科技事业、热爱着人类进步的人们对此都感同身受。人与人之间、国与国之间的分歧在这一刻都显得十分渺小。罗马教皇在一万多听众面前祈祷宇航员平安返回；耶路撒冷犹太教教士也在哭墙边专门祈祷；美国国会更是动员全国祈祷三位宇航员平安返回。

苏联总理柯西金专门致电美国总统尼克松：“苏联政府已经号召全国人民和各军种负责人动员一切必要力量协助救援美国宇航员。”

苏联宇航员沙塔洛夫向美国宇航局发去了问候和祝愿：

致美国阿波罗13号宇宙飞船上的宇航员 J. 洛威尔、J. 斯威格特和 F. 海斯：

我们，苏联宇航员，始终对你们的飞行予以极大的关注和担忧。我们真诚祝愿你们能安全返回我们共同的母亲——地球的怀抱。

送上全体苏联飞行员、宇航员的良好祝愿！

V. 沙塔洛夫

作为事故的亲历者，三位宇航员固然不幸，但是对事故原因调查后的结果显示，三人又足够幸运。灾难的发生是因为设备本身的缺陷，或早或晚总会出现，无法避免。如果太早发生，飞船可以进入自由返回轨道但却没有足够的消耗品维持宇航员生存；如果太晚发生，登月舱早已抛掉，宇航员将失去最后的救生装置。不早不晚的爆炸时间，出人意料地让宇航员获得了求生的时机与资源。

阿波罗13号的惊险历程让宇航局意识到当时航天工程中的诸多漏洞。事故的直接责任方：一个是恒温器开关的两家承制公司，没有及时沟通更换设备的信息；另一个是宇航局失职的实验检查人员，没有做到全面的检查，甚至连设备损毁都没有发现。

但仅仅追查责任并不能彻底解决问题，技术管理上存在的漏洞才是事故的根源。

针对这次事故暴露的问题，宇航局做出了大量的改进：在硬件上，后续的阿波罗飞船在服务舱中增加了单独隔开的第三个氧贮箱；取消了没有密封的风扇系统；将容易造成短路并在氧气环境中燃烧的导线系统改为不锈钢管封装；取消了氧贮箱加热系统的开关；飞船内部增加20千克的水，指令舱的饮用水增加9升；服务舱中增加了一套400安时的电池组以应对飞船主电源失效；对于聚四氟乙烯这种在氧气环境中容易燃烧的材料，尽量少用甚至更换。

对于阿波罗计划宇航员的特情训练，海斯的吐槽也得到了回应。宇航局专门制定了多项全新的安全退出步骤，除了运载火箭故障的特情处理以及指令舱、登月舱对接故障外，特别加上了登月舱失效以及服务舱推进系统失效的处理方法：就像阿波罗 13 号的处理方法一样。

⬆ 阿波罗 13 号的三名宇航员，左起：洛威尔、斯威格特、海斯

阿波罗 13 号的事故使此次登月计划以失败告终，不过却成就了人类航天史上的奇迹。不管是三位宇航员在危急情况中冷静的处理和良好的心理素质，还是地面工作人员在忘记疲劳的持续工作中，运用现有设备和技术解决突发情况的应变能力，都让这次营救行动成为探月工程上危情处理的典范。全世界的人们也在真诚的祈愿中，看到了人类跨越文化、跨越政权的共同利益。既然人类的共同目标是远方星辰，历史就一定会铭记这些先驱。

7.6 神秘的阿波罗 18 号

　　未能实现登月的阿波罗 13 号并没有阻挡住美国宇航局前进的脚步，美国宇航局很快又连续开展了阿波罗 14、15、16、17 号四次登月飞行任务，都获得了圆满的成功。

阿波罗部分登月飞行任务基本情况一览表

任务名称	阿波罗 14 号	阿波罗 15 号	阿波罗 16 号	阿波罗 17 号
指令舱	小鹰号	奋进号	卡斯帕	美国
登月舱	安塔尔	猎鹰号	猎户座	挑战者
运载火箭	土星 V 号 SA-509	土星 V 号 SA-510	土星 V 号 SA-511	土星 V 号 SA-512
发射时间	1971 年 1 月 31 日 世界时 21:03:02	1971 年 7 月 26 日 世界时 13:34:00	1972 年 4 月 16 日 世界时 17:54:00	1972 年 12 月 7 日 世界时 05:33:00
登月时间	1971 年 2 月 5 日 世界时 09:18:11	1971 年 7 月 30 日 世界时 22:16:29	1972 年 4 月 21 日 世界时 02:23:35	1972 年 12 月 11 日 世界时 19:54:57
登月地点	南纬 3°38'43" 西经 17°28'16" Fra Mauro	北纬 26°7'55.99" 东经 3°38'1.9" Hadley Rille	南纬 8°58' 东经 15°31' 笛卡尔高地	北纬 20°11' 东经 30°46' Taurus-Littrow
溅落时间	1971 年 2 月 9 日 世界时 21:05:00	1971 年 8 月 7 日 世界时 20:45:53	1972 年 4 月 27 日 世界时 19:45:05	1972 年 12 月 19 日 世界时 19:24:59

溅落地点	南纬27°1' 西经172°39'	北纬26°13' 西经158°13'	南纬0°43' 西经156°13'	南纬17°53' 西经166°7'
月表停留 时间	33小时30分29 秒	66小时54分 53.9秒	71小时2分 13秒	74小时59分40 秒
月表行走 时间	9小时22分 31秒	18小时34分 46秒	20小时14分14 秒	22小时3分57秒
月球采集 标本质量	42.28千克	77千克	95.71千克	110.52千克

注:登月地点为月球经纬度

按照官方的说法,阿波罗17号之后,由于政府在航天方面的预算缩减,后续的阿波罗18号、19号以及20号飞行任务被迫取消。但人们却不相信是因为缺钱而终止登月计划,一定是有某种特别的原因。

最容易激发民众兴奋点的说法,无外乎就是阿波罗飞船发现了外太空的生命——这让人们既恐惧又激动,都想一探究竟,于是各种传言纷至沓来。

有一种传言说阿波罗18号当年非但发射了,而且还顺利地在月球登陆,但这次宇航员在月球上不仅看到了星外文明存在的痕迹,而且看到了非常恐怖的外星生物,并且还拍摄了录像。这样的录像一旦公之于众,势必要引起全世界的恐慌,美国政府选择了隐藏真相,不仅对外否认有阿波罗18号的飞行任务,还取消了后续的一系列登月计划。

故事似乎也的确应当这么编,但偏偏有些事实的存在,让阿波罗18号更加地扑朔迷离。登月第一人阿姆斯特朗在自传中就透露,当年返回地球时,他亲眼看见了不明飞行物(UFO)。1973年,苏联月球车2号在月球表面着陆后,却神秘地失踪了……诸如此类的事情,让人更加相信阿波罗18号是与神秘的外星生物有了某种近距离的接触。

脑补一下这个故事的情节,有趣而又令人兴奋,于是美国人索性拍了一部电影,就叫《阿波罗18号》。当然,这不是纪录片,而是一部还算不错的科幻电影。

在电影《阿波罗18号》里,宇航员搭乘这艘登月飞船前往月球并遭遇了外星生物。谈及如何铺排这个看上去并不算出奇的故事剧情时，编剧之一的科瑞·古德曼说道："我在写这个剧本的时候，脑海里的想法其实非常简单：我们冒着许多危险，耗费大量的资金，来到另一个星球。在那里，没有地球上常见的生命，我们的宇航员感到恐惧，感到孤独。而这时候，在黑暗里还隐藏着我们从未见过的外星生命，这本身就已经构成了足够的恐怖意味。从这一点出发，《阿波罗18号》的故事依此展开，这部电影对白并不多，情节也谈不上多么跌宕起伏，但我相信如果是喜欢这种阴谋论调调的恐怖片观众，对这部电影会有自己的想法。"

对于本片里外星生物的设定以及电影的整体氛围，导演冈扎罗·洛佩兹-加勒果说道："也许对于大部分的观众而言，看这部电影之前，心里已经有了足够的定位，我想在电影里看到什么？我得到了什么样的恐惧？月球上的外星怪物会是什么样子？我从观众的角度出发，也与许多人聊过这个问题，并得到了一些反馈。我觉得这些反馈对我来说是很有用的，因为这样的电影并不是传统意义上的科幻电影，它本身的影像风格决定了它的受众不会有多广，所以在《阿波罗18号》里，我们对外星生物的设定算是在常理之中，不过他们出现的方式则是相当的非常规。在月球表面，其实可以让怪物们藏身的地方不少……至于整部电影的氛围，我希望能让观众觉得始终在绷紧神经，跟随我们的宇航员一起，在月球探险，发掘那些隐藏在黑暗深处的未知恐惧。"

◖ 电影《阿波罗18号》海报

8.1 战略忽悠法

苏联，这个曾经野蛮生长又突然分崩离析的政权，改造世界的梦想与野心配合着极北之地的酷寒和烈酒，形成了"战斗民族"独特的粗犷风格。粗线条工业设计的传说不论结果悲喜，即使已覆盖了几十年的灰尘，也依旧脍炙人口。

这种粗犷风格有时也会被认为简单粗暴，但借助其个别设备极其突出的性能与媒体的宣传，在冷战这种特殊时期，往往会有着意想不到的威慑力。

比如，划时代的航空产品米格-25就有着优良的气动外形，推力强大但结构严重简化的发动机，以及笨重的不锈钢机身和可靠但落后的电子管控制系统。颇有复古风情的技术在同一件设备上完美结合，创造了当时飞机速度、高度、爬升率等诸多世界纪录，不得不说是一项创举。米格-25曾以 3.2 马赫的速度大摇大摆地躲过身后导弹的追杀，最高达 11G 的机动过载以及对电子设备的强大干扰更是让北约诸国深陷恐惧。

在苏联飞行员别连科驾驶米格-25 飞机叛逃后，美国专家拆解完飞机惊讶地发现：原本设想的耐高温钛合金不过是一堆沉重的钢板，所谓强大的发动机也只是简单地为

🔸 苏联米格-25 战斗机

了速度单独设计的产物，3 马赫的飞行意味着烧毁发动机，电磁干扰组件其实只是古老的电子管功率过大——被妖魔化的米格-25，让众多专家不再钦佩苏联同行的天才设计。原来身经百战的苏联人在冷战中形成了自己的方法：先用新的工业方法取得世界级的纪录，再通过强大的政治宣传树立自己技术强大的形象，而技术短板则通过层层保密措施完美掩盖——看不到的部分，人们会选择脑补来吓自己。

作为二战中的战胜国，苏联也算是收获不少，但本土作战毕竟元气大伤。为了与受损相对小得多的竞争对手美国较量，苏联选择了避其锋芒，通过"战略忽悠法"达成政治上的优势。之所以能够忽悠，是因为竞争中的美苏两国都有着同样的逻辑：对方有的己方也要有，自己有的还要想办法超过对手。

于是，政治角力一时变得好似儿童间的攀比：一方亮出自己最好的洲际导弹，另一方就一定要造出更强大的导弹；一方展示自己核弹的巨大当量，另一方就造一个更大的——虽然双方都知道这种产品除了创造个纪录以外没什么意义，但还是认为工程的安全性与可靠性可以降低，赶进度争第一更加重要。

美苏两国对这种钩心斗角的竞争方式保持了多年的默契，直到各自付出巨大代价之后，才最终弄清楚，一心想着竞争却抛弃了扎扎实实的发展，最终带来的只是互相伤害。

在美国人的阿波罗计划开展得如火如荼的同时，苏联人也没有停下脚步，他们也在开展着登月的规划，先后完成了一系列的探月飞行活动，而且差一点儿也要成功登陆月球。

8.2 红色国度的前政治犯

纳粹战败后，美国和英国占了便宜，苏联没抢到 V-2 导弹的核心技术及人员。但是苏联的导弹技术并没有落后，因为苏联国内有一位航天的领军人物——谢尔盖·帕夫洛维奇·科罗廖夫。苏联的探月计划，就要从这位领军人物说起。

这个被称为"苏联的冯·布劳恩"，也让冯·布劳恩被称为"美国的科罗廖夫"的人，一生坎坷而辉煌。早年丧父，家境贫寒，科罗廖夫只好半工半读坚持学业，以优异成绩进入了莫斯科鲍曼高等技术学院，并成为著名飞机设计师图波列夫的学生。1929 年科罗廖夫进入苏联图波列夫实验飞机设计局工作之后，受到航天先驱齐奥尔科夫斯基的影响，将研究重点从航空转移到了航天火箭。这个有着光辉未来的科研方向让科罗廖夫对自己充满了信心：经过了多年的艰苦岁月，自己终于可以自由地追寻梦想。

此后的几年，科罗廖夫与怀着同样热情的人们共同开展研究，并在 1933 年 8 月发射了苏联的第一枚液体火箭。同年 10 月，苏联成立了火箭科学研究所，科罗廖夫担任副所长，并获得了"积极从事国防工作"的奖章。

事业达到了新的高度，灾难却悄然而至。很

快苏联的大清洗运动让国内陷入混乱，举报、诬陷一时成风，无妄之灾降临到科罗廖夫头上。1937 年，苏联元帅图哈切夫斯基被判处死刑，并立即遭到枪决。因为同事的举报，科罗廖夫被视作前者的同党而被迅速定为重罪，被判押送至西伯利亚从事重体力劳动。靠着同样遭到逮捕的恩师图波列夫及一众专家的共同请求，科罗廖夫免于流放，改判为以犯人身份继续进行航天科研。

在这个关押着众多技术人员的特种监狱中，囚犯们受到了严格的监控，没有行动自由，相互之间也不能随意交流。作为囚犯，这些技术人员得不到尊重，每天有超过一半时间都在工作，没有多少休息时间，还要忍受狱警粗暴的管理。这个曾经踌躇满志的技术青年，在本该最辉煌的年龄却被打入了低谷，对人性与政治也有了格外深刻的理解。

但就在这种环境中，科罗廖夫的工作小组成功地设计了苏联早期的近、中程导弹。

坚守着航天梦想的科罗廖夫，在二战结束后终于等来了转机。抢夺人才失利的苏联开始瞄准国内的技术人员，在狱中继续航天科研并取得了瞩目成果的科罗廖夫迅速得到了重视。针对清洗运动的平反也

已经广泛开展，科罗廖夫很快恢复了名誉，并成为苏联弹道式导弹的总设计师。

身陷囹圄却坚持研究并取得成就，这样的经历符合励志故事的所有要素，科罗廖夫因此成了受难英雄一样的明星。

此时，大洋彼岸的冯·布劳恩也正因为重要技术人员的身份被美国军方启用而声名鹊起。两个同样对火箭与航天系统设计有着深厚造诣的人，在万众瞩目中开始了竞赛。

在旁观者眼中，高手之间的过招，你来我往，酣畅淋漓。不过这对于两位执着于航天梦想的科学家来说，并非易事。他们要面对的首先是如何保全自己，毕竟一个是前政治犯一个是前战犯，现在这点名声远不能拯救自己；其次是带领科研团队在军政两界斡旋，确立新项目并获取资金，因为航天计划规模庞大，成本高昂，只有成功游说军政高层才有可能顺利进行。

这两个同一时代的天才，在航天事业的发展规划上有着相近的理念，都是先取得运载火箭技术的突破，从而发射人造卫星，之后开展载人航天甚至行星间的航行。能否实现航天梦想并将航天发展计划进行下去，这一切都有赖于航天成果

能为政府带来怎样的回报。之后的事实证明，低估了人造卫星与载人航天价值的美国，在许多年的时间里只能眼睁睁地看着苏联几乎包揽了航天界的世界纪录。

而这些纪录也为科罗廖夫带来了不朽的声誉：

1957 年 10 月 4 日，将人类第一颗人造卫星送入地球轨道；

1957 年 11 月 3 日，第二颗人造地球卫星将小狗莱卡送入了太空，不过由于卫星内部的环境控制水平较差，莱卡在不断的高低温转换与缺氧中死去了，成为航天事业的牺牲者；

1958 年 5 月，成功发射卫星式飞船；

1959 年 1 月 2 日，发射了月球 1 号探测器并成功抵达月球附近，这是最早能够脱离地球引力的航天器；

1959 年 10 月 4 日，发射了月球 3 号探测器，完成了环绕月球的飞行，并成功发回了月球背面的照片，这也是人类第一次看到月球背面；

1961 年 4 月 12 日，宇航员加加林进入太空，成为进入太空的第一人。

此后，1965 年 3 月 18 日人类首次太空行走与女航天员进入地球轨道等多项世界第一，也都与科罗廖夫直接相关。如此多的成就带来的荣誉令人振奋，但科罗廖夫那经过牢狱之灾折磨的身体，却在没日没夜的辛劳工作中最终垮掉了。1966 年 1 月，这位奋斗了一生的苏联航天领袖，在 59 岁生日之后两天与世长辞。如果没有复杂的政治因素，科罗廖夫与冯·布劳恩这两个同一时代的天才也许能成为好友，但时代没有提供这种机会，而他们则用这种亦敌亦友的竞争，推动了人类共同的航天梦想。

◀ 苏联官方为纪念科罗廖夫发行的纪念邮票（图中出生年有误，编者注）

8.3 悲情烟花——N-1 运载火箭

科罗廖夫提出了用于 H1-N3 登月计划的大型运载火箭设计方案，这种型号被命名为 N-1 火箭。但是 N-1 火箭还没来得及实际研发，科罗廖夫就病逝了，于是研发计划由其首席助手瓦西里·米申接管。

H1-N3 登月计划的执行步骤为：

N-1 火箭搭载登月舱和月球轨道舱从拜科努尔航天发射场发射，整个过程并不载人；N-1 火箭的第 1、2、3 级抛除后，剩余部分在地球轨道运行，与质子号运载火箭上搭载两名宇航员的宇宙飞船完成对接及人员转移后，N-1 火箭第 4 级点火飞向月球；第 4 级抛除后由第 5 级点火将各个舱体送至月球轨道，随后第 5 级抛除，有效载荷开始绕月飞行；登月舱释放后完成着陆，宇航员在完成 4 个小时的月面活动后使用登月舱离开月球表面，回归月球轨道舱，随后登月舱被抛除；宇航员使用月球轨道舱返回并在地球着陆。

与美国的登月舱类似，苏联的登月舱也做得奇形怪状。由于 H1-N3 计划登月活动只有 4 个小时，登月舱内部并没有多少资源，因而十分狭小。在登月舱登月之前，首先要用月面探测器采集月面数据，确定着陆位置。月面探测器使用充气皮

⬆ N-1 火箭的第一级安装了 30 台发动机

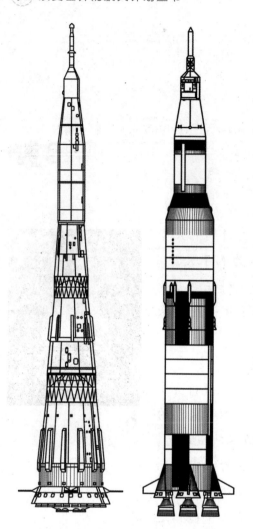

⬆ N-1 火箭(左)与土星 V 号火箭外形对比

N-1 比土星 V 号略短，但起飞推力更大。然而土星 V 号上面级使用了氢氧发动机，而 N-1 全部采用煤油液氧，所以土星 V 号的有效载荷高于 N-1。土星 V 号 13 次发射全胜，而 N-1 则 4 次发射全败。

囊包裹，在落到月面并且稳定后，皮囊爆炸，释放探测器。

由于需要将有效载荷从地球送至月球轨道，运载火箭成为关键。按照设计，N-1 火箭高达 105 米，直径 17 米，共有 5 节，这是世界上最大的运载火箭。仅仅 N-1 火箭的第 1 级就有 30 台液体燃料发动机并联，第 2 级有 8 台液体燃料发动机并联，第 3 级有 4 台液体燃料发动机并联，第 4 级与第 5 级各有一台发动机。这个庞然大物的大部分将会是发动机群，巨大的外形与推力，即使在今天看来，也是当之无愧的巨无霸。巨大的体形使这款火箭只能通过铁路，将各个部件运送至发射场再进行总装装配，苏联强大的重工业水平，让这一切成为可能。

但 N-1 火箭却命运多舛。

第一枚 N-1 火箭竖立起来之后并没有发射，而是做了垂直状态电器测试。第二枚用于综合发射演练，也没有发射。在各种测试与演练都顺利完成后，1969 年 2 月 21 日，第三枚 N-1 火箭在拜科努尔发射场准时点火发射。升空 65 秒之后，N-1 火箭第 1 级的发动机群出现故障，震动剧烈，推力无法稳定。液氧管在震动中发生泄漏并引发爆炸，方圆 30 千米的地区落满了 N-1 火箭的残骸。事故中只有登月舱在地球的高重力复杂环境中顺利完成了着陆。

　　苏联航天人并未气馁，很快就在 1969 年 7 月 3 日进行了第二次 N-1 火箭的发射，这是第五枚 N-1 火箭（第四枚原本已经制造完成，但是因为意外事故受到损毁而被回收，部分重新加工之后成为第五枚）。火箭点火后顺利升空，但是在第 1 级与第 2 级尚未完全离开发射塔时，火箭的一个液氧泵发生了爆炸。随后一系列的爆炸使火箭失去平衡，向着发射塔倒下。燃料全部倾泻到 1 号发射场并引发剧烈的燃烧，这次事故中 1 号发射场完全被烧成了一片废墟。

　　第六枚 N-1 火箭在 1971 年达到了发射条件。6 月 26 日，N-1 火箭在 2 号发射场点火发射。在正常升空之后，制导系统突然发生故障，火箭开始加速自旋并导致箭体分离，在空中发生剧烈爆炸。

　　在随后的一年多时间里，N-1 火箭经历了重大改进，第七枚 N-1 火箭于 1972 年 11 月 23 日点火发射。火箭飞行 100 余秒之后，第 1 级与第 2 级因为震动引发了爆炸。

　　科罗廖夫去世之后，继任者没能继承他的才干与创造力。作为需要不断与军政两界纠缠、游说的航天领路者，在斡旋与游说中需要把握好资金与时间资源，绝不能急功近利。发动机群的应用使推进剂输送管道极为复杂也极为脆弱，但由于时间与经费的限制，N-1 火箭在真正发射之前并未进行足够严格的出厂测试，有害振动的研究与废气力学的研究都没有有效开展。四次爆炸都发生在第 1 级与第 2 级，足见管理上有巨大漏洞。

　　连续的失败迫使苏联人放弃了这个型号的运载火箭，当时的登月计划因此搁浅。军方断定 N-1 火箭已经没有希望，更不可能成为未来的火箭武器，项目的科研拨款由此终止。苏联人只得放弃了登月计划，美国把航天领域的头把交椅稳稳地占住了。

⬆ N-1 火箭矗立在发射架上

第 9 章
没有结束的探索

9.1 建立月球基地

或许是登月在短时期内并不会带来多大的经济利益（除非是出于政治上的考虑），美国自阿波罗 17 号最后一次登月飞行后，便取消了后续的计划。但人类能够再次登上月球，对有着浪漫情怀的航天工作者来说，仍然是充满魅力的。除了一次又一次地送宇航员登陆月球，运一些月球的岩石土壤回来，登月还能做些什么呢？这恐怕是航天科技工作者和航天政策决策者们一直在考虑的问题。

1986 年，美国提出了重返月球建立月球基地的设想——既然已经有六次、12 名宇航员踏上了月球，那是否可以在月球上"安营扎寨"，建立一个月球基地呢？

到了 1989 年，月球基地的设想进一步成为美国征服宇宙空间"三部曲"的一部分，即建立自由号空间站、建立永久月球基地以及实现载人登火星。建立月球基地就是三部曲中的第二部。

月球基地计划就是要在月球上建立一个空间设施。整个计划蓝图大致分为三个阶段：到 2010 年，初步建成基地；到 2015 年，建成用月面岩石和土壤为原料提炼氧气的工厂；到 2025 年，各种无人操作的月面生产工厂在月球基地上逐步建成。

很显然，这个计划到目前并没有得到实施，仅仅是纸上谈兵而已。

但为了推动这个计划，美国宇航局还是做了一些努力的。在 20 世纪 90 年代初，美国休斯敦航天中心负责人温德尔·门德尔向白宫提议建设月球基地。作为航天领域的领军人物，门德尔认为这对于支持在太空进一步开展大规模的开发极其重要。为了验证月球基地的可行性，美国宇航局甚至在巴西的圣卡塔林岛进行了全封闭的模拟实验，以验证未来登

↑ 1986 年美国提出的月球基地的艺术设想图

月的宇航员是否能在人造的封闭空间内自给自足地生活。

门德尔进一步细化了建立月球基地的计划，分四个阶段：第一阶段从 1997 年开始，先发射人造卫星，为选择最佳基地地点作勘测；第二阶段从 2005 年开始，为施工阶段，向月球运送起重、挖掘等基建机械，并用微波对地基进行硬化处理；第三阶段为构件组装；第四阶段开采利用月岩中氧、铝、铁、钛、硅等资源，制取生活用氧及扩建月球基地所需的金属、玻璃等原材料。

但门德尔的整个计划需耗资上千亿美元，人类必须不间断地努力 100 年才能完成。

至于建立月球基地的地点，美国宇航局最初选择在月球的南极。因为月球的南极在 70%~80% 的时间里都有阳光照射，这样太阳能设备就能发挥作用，产生电力。同时，这个极地的温差较小。但也有学者表示，月球的南极只是月球基地的候选地之一。如果能发射一个大型的登月舱，而且这个登月舱能在科学探测点和基地驻扎地之间来回移动，那把什么地方作为基地就有了更多的选择。

月球基地建设的设想是这样的：派遣一支由 4 名宇航员组成的登月小队去执行早期的任务，每次任务时间为一周左右。这个"小步慢跑"的进程要持续到维持生命所需的基本设置安装齐全，估计需要 4 年的时间。月球基地具备基本功能后，宇航员们就可以轮换驻扎在月球上，每次的时间可长达 6 个月。在月球基地的运转逐渐稳定后，宇航员就可以前往月球表面更远的地方探险，甚至前往更遥远的火星。

在太空探索中，机器人是必不可少的，美国宇航局下属的高级太空项目组就提出将月球基地和智能机器人合二为一，称为 Habot。

专为月球基地设计的 Habot 带有 6 条机械腿，在月球表面着陆后能够独立移动。由此，每个 Habot 舱在不同地点着陆后，就能各自"走"到一个会合点，最后合并成一个整体。这意味着月球基地将由多个 Habot 舱组成。但美国宇航局月球研究计划负责官员库克曾表示，美国宇航局将不再分批发射小型载人登月舱建设月球基地，而是单次发射一个大型登月舱，由无人驾驶飞船送上月球。在所给出的模拟图中显示，这个大型登月舱如同一辆大卡车。

一旦宇航员登陆月球，美国宇航局可不希望他们只是在月球基地附近收集岩石。美国宇航局太空船外的生理系统和行为表现计划的负责人格恩哈特表示，月球基地计划还包括一对小型密封飞行器，以便宇航员能走到月球表面去进行科研探索。这个小型飞行器的体积比当年阿波罗号宇航员驾驶的飞行器稍大一些，不过它的优势是绝对密封，宇航员在里面甚至可以只穿衬衣，而不用担心宇宙辐射的危害。解决这些问题的办法就是在飞行器壁添加一层"水障"。

人类殖民月球一直是一个梦想，但在月球建造人类基地计划成本过高，并且与当前科技水平相差

可移动式月球居住舱 Habot

甚远。美国月球和行星协会著名月球科学家保罗·斯普蒂斯博士、马歇尔太空飞行中心的托尼·拉沃伊提出了一项新型月球基地计划，该计划不仅经济成本较低，而且具有可适用性。他们计划在太空沿着一种"横贯大陆的运输系统"来建立月球基地，该运输线路将跨越地球和月球轨道。

这种令人振奋的人类太空基地需要多长时间才能建成呢？斯普蒂斯说："我们评估分析显示，在月球建造一个完整成套的月球前哨需要大约15~16年，大约10年时间首批机器人任务执行完毕，人类才能抵达月球。月球开采体系每年可制造150吨水，100吨推进燃料。"

那么当前是否拥有保证计划实施的最新科学技术或者新型装置呢？斯普蒂斯称，这项计划的有效实施将尽可能基于当前技术。他们并没有任何"超导矿石（类似于电影《阿凡达》中的稀有珍贵矿物）"，也没有任何特殊魔法装置，最现实可行的就是基于现有科学技术，目前他们可以使用之前太空任务中使用过的许多设备。

这项计划的成本是多少呢？斯普蒂斯评估称，整体系统的建造成本至少880亿美元，平均每年将花费50亿美元，在建造初始的第一年花费将达到66.5亿美元。预计总共建造的装置包括：可重复使用的运载火箭；两种载人探测器；可重复使用的登陆器；地球和月球之间的燃料仓库以及所有机器人设备。

最吸引人的是，未来人类月球基地可分成若干较小的部分，每个任务主要以独立方式来完成，一旦它们抵达月球，便以独立个体投入工作，但它们之间可产生互动，形成一个不可分离的整体。

相对于这些纸上谈兵的设想，美国宇航局做得比较务实的事情是：1994年1月和1998年1月分别发射了克莱门汀号月球轨道探测器和月球勘探者号轨道探测器，对月球进行探测，据说是为日后建立月球基地探路。

9.2 特朗普政府宣布重返月球

美国人民对于月球总是抱有一种特殊的感情。这是有原因的——毕竟美国的国旗和他们当年登月宇航员的脚印到现在还留在月面上。阿波罗登月计划是人类航天的巅峰之作，很好地向我们证明了如果一个国家下定决心要做成一件事，那将爆发出怎样伟大的力量。但与此同时，那些记忆也在不断提醒着我们——我们将人类那些最伟大的历史完全抛弃了——阿波罗计划之后，美国注意力转移了，更热衷于"反恐战争"，做"世界警察"。人类没有在月面上建立起任何的前进基地，从而丧失了不断测试新技术，以便在未来不断拓展深空探测疆域的可能。

后来，似乎出现了转折。2017 年 2 月，美国宇航局代理局长罗伯特·莱特福德在一份发送给宇航局雇员的备忘录中暗示，将使用美国最新研制的重型运载火箭和载人飞船在 2018 年进行首次发射，并且强烈支持在第一次飞行中就搭载宇航员。更加令人期待的是，这一飞行任务的目的地是月球轨道——2018 年刚好是阿波罗 8 号飞船实现人类首次进入月球轨道飞行整整 50 周年。

2017 年 10 月 7 日，一条重磅消息最终落地。特朗普政府的副总统迈克·彭斯（Mike Pence）明确表示，特朗普政府将指令美国宇航局将宇航员送上月球并建立永久性月球基地。这一消息很快在整个航天业界引发强烈震动。

上面说到的重型火箭就是大名鼎鼎的"太空发射系统"（Space Launch System，简称 SLS），其从 2004 年以来一直处于进展缓慢的研发过程中；而提到的载人飞船则是美国最新的猎户座载人飞船，它本质上有点像是升级放大版的阿波罗飞船。根据计划，新型飞船的首次飞行，也就是所

美国SLS新一代重型运载火箭

谓的"探索任务一号"（EM-1）将会安排为无人飞行，时间定在2018年年内（后来，美国宇航局将猎户座飞船搭载太空发射系统运载火箭的首次不载人时间推迟到2019年。载人飞船计划将于2023年首次发射，前往月球）。按计划，飞船在升空后将飞行大约三周时间再进入围绕月球飞行的轨道，并最终返回地球。这一飞行任务的目的是证明各项技术系统与硬件在执行这一级别深空飞行任务时的可靠性。而"探索任务二号"（EM-2）则计划安排在EM-1计划后三五年，届时飞船将首次搭载宇航员，而飞行路线则基本重复EM-1任务。

但莱特福德——这位美国宇航局马歇尔太空飞行中心的前负责人却希望采取更加激进的做法。在他令人意外的备忘录中，他写道：自己希望能够评估"在EM-1飞行任务中搭载宇航员的可能性"。他说："我知道我的建议背后所蕴藏的风险，比如在技术可行性评估方面的风险，或许我们会需要额外的更多资源，并且很显然一旦加入这些额外的工作也就意味着需要更改发射日期。但即便如此，我仍然希望了解，在加速我们飞船首次载人飞行的时间安排上有无任何可能性，以及为了迈出拓展人类深空疆界的第一步，我们将可能需要付出何种代价。"

当莱特福德提到他们所面对的挑战时，他是严肃的。这是因为自从1972年的阿波罗17号计划以后，美国还从未将宇航员送出过低地球轨道，而在2011年航天飞机退役以后，美国宇航局甚至暂时失去了仅依靠自身能量将宇航员送入太空的能力。但美国"太空发射系统"以及猎户座飞船的研制进展缓慢背后的主要原因却并非技术困难，

2017年10月5日，美国副总统迈克·彭斯发表演讲，正式宣布特朗普政府将支持美国宇航局将宇航员再次送上月球并建立永久性月球基地

而是来自政治和其他层面。

由于美国政府更迭带来政策的朝令夕改，美国宇航局经历了十几年的无所适从。小布什政府时期，要求美国宇航局开发新型运载火箭和载人飞船，并设定了重返月球并飞向更加遥远深空的宏伟目标；奥巴马时代将小布什的计划彻底一笔勾销，但在一些对航天产业依赖性比较强的州（比如佛罗里达、亚拉巴马以及得克萨斯等州）的强烈抗议下，他很快又恢复了对猎户座飞船以及"太空发射系统"研制的资金支持。但重返月球并没有被提起，而是提出了全新的设想——要求美国宇航局在21世纪20年代将宇航员送往一颗小行星，并在30年代将宇航员送上火星表面。

现在，特朗普政府再次改弦更张，特朗普总统表达了自己对于这个强大的载人航天项目的极大兴趣，

他的政府里还有一批核心人物是重返月球计划的积极支持者。

莱特福德一直在马歇尔太空飞行中心工作，那里是德国火箭专家冯·布劳恩设计人类历史上最强大的火箭——土星V号的地方。因此，马歇尔中心一直有一个传统观点，那就是支持使用美国宇航局研制的硬件开展深空探测，而不是依赖SpaceX等私营企业来实现。但估计按照现在美国国内私营航天企业风头正劲的趋势，加上特朗普的商人特性，以马歇尔中心为代表的传统保守派未必能在特朗普政府中占到优势。

白宫对于重返月球的设想很显然持积极态度，在特朗普总统看来，月球计划有助于政府扩大就业。这项计划的受益者不仅是那些大型工业承包商，比如负责研制"太空发射系统"的波音公司，以及主要负责研制猎户座载人飞船的洛克希德·马丁公司，还有大量遍布全国各地的技术与设备供应商。当年的阿波罗计划带动了超过40万人就业，从流水线上的工人到登月的宇航员，他们都是实现人类首次地外天体登陆的功臣，同时也是这项超级项目的受益者。

美国宇航局想用美国本土研制

的飞船，将美国宇航员送入太空，其所面临的困难不仅仅是永远在变化的目标，还必须想办法搞到足够的钱。在美苏冷战高峰时期，美国宇航局获得的预算占到联邦年度总预算支出的大约4%,而今天这一比例不足0.4%。在如此捉襟见肘的困境下，美国宇航局不得不在过去的十几年里艰难地维持着SLS和猎户座飞船的研发工作。

如果此次美国宇航局真能够得到来自政府的支持，在不久的将来将宇航员送入月球轨道飞行，那么这将不仅仅是重启他们在半个世纪前就做过的事情，而且会有更多新的任务要去完成。比如说，未来要把宇航员送往火星，而在那之前必然会有大量的全新研制的硬件和技术是需要进行测试的，包括表面居住仓、加压漫游车以及燃料和水的本地制造，等等。只有等到所有这些技术都成熟之后，我们才能真正有把握让宇航员飞往火星。

在这样的情况下，月球就是人类验证这些新技术可行性的最理想的实验室——人类可以将这些新技术先在月球基地中进行测试，即便出现故障或失败，由于月球很近，地球上的控制中心可以在3天内就能展开有效的救援行动。这种问题如果发生在遥远的火星上，那问题可就严重了，要想飞往火星，最快单程也要8个月左右。

2019年3月底，美国副总统彭斯宣称"登月要趁早"，于是美国宇航局制定新的登月方案，将于2024年把人类送上月球。计划加速意味着需要更多的经费，美国宇航局正在寻求国际合作，但目前真正签约的只有加拿大。所以，美国更多地还得靠自己。

但从历经4任总统、6届国会都持续地对各项太空计划积极支持来看，或许这一次，美国真的能够重返月球。而以现在的实际情况看，尽管美国宇航局在努力赶速度，也有技术力量强劲的私人航天企业加入，但经费的不足，总统人选的不确定，都会制约这些计划的顺利实现。

美国究竟要如何实现这一宏伟夙愿，"使美国成为太空探索的领导者"，我们拭目以待。

9.3 逐鹿月球

月球对人类而言充满了无限的诱惑与魅力，除了美国，俄罗斯、日本、印度等国及欧洲都曾经或正在努力，试图进入探索与开发月球的行列中来。

俄罗斯

苏联曾是无人月球探测的先锋：1959 年 1 月 2 日，月球 1 号升空，直奔月球，成为人类迈向探月征程的第一步；同年 9 月 14 日，无人登陆器月球 2 号，成功撞向月面；同年 10 月 7 日，月球 3 号拍摄了月球背面的照片；1966 年 2 月，月球 9 号成功地在月面上实施软着陆；同年 3 月，月球 10 号成功地绕月飞行 56 天，近月点 349 千米，远月点 1015 千米；1968 年，探测器 5 号——人类历史上第一个返回式探月宇宙飞船首次飞行成功，为后来的载人登月、取样、返回地球打下了坚实的基础。但此后，由于载人月球探测的失败以及苏联解体，月球探测活动便搁置了多年，加上经济等因素，俄罗斯官方一直没有正式的独立月球探测计划。

2004 年 4 月 12 日，俄罗斯航天工业巨头——能源火箭航天集团公布了"俄罗斯未来 25 年载人航天发展计划方案"——在 2015 年派载人飞船登陆月球执行任务，在月球上建立一个永久性基地，开发能源，并在 2020~2030 年间向火星派出载人飞船。虽然派载人飞船登月这个时间节点早已过去，计划未能实现，但通过这个计划仍可窥见俄罗斯在月球资源利用上的雄心壮志。

该计划方案分四个阶段：第一阶段，在发展国际空间站俄罗斯部分的基础上，对近地天空进行工业开发；第二阶段，建立经济有效的运输航天系统；第三阶段，计划实施月球计划，为在月球进行工业开发打下良好开端；第四阶段，实施载人火星研究试验。

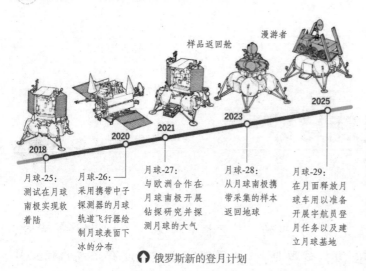

样品返回舱

漫游者

2025

2023

2021

2020

2018

月球-25：
测试在月球
南极实现软
着陆

月球-26：
采用携带中子
探测器的月球
轨道飞行器绘
制月球表面下
冰的分布

月球-27：
与欧洲合作在
月球南极开展
钻探研究并探
测月球的大气

月球-28：
从月球南极携
带采集的样本
返回地球

月球-29：
在月面释放月
球车用以准备
开展宇航员登
月任务以及建
立月球基地

⬆ 俄罗斯新的登月计划

其中太空"四部曲"第二阶段——重塑运输航天系统是一大亮点，其包括两个组成部分：改进联盟号和进步号宇宙飞船，试验并使用改进后的宇宙飞船。新的宇宙飞船称为"大剪刀"，以代替目前俄载人航天飞行所用的联盟号系列载人飞船。与只有 3 个座位的联盟号飞船相比，大剪刀有 6 个座位，能够向轨道运送重达 700 千克的货物，可多次往返使用，最多能够往返 25 次。因此，"大剪刀"不仅可以将人员运送到国际空间站，还可以成为未来月球任务的基础保证。

在完成宇宙飞船的改良工作后，能源火箭航天集团计划进行 6 次耗资高达 20 亿美元的月球登陆。据称，他们将在月球上建立一个拥有核能工厂和设备并可以提炼出氦-3（Helium-3）的永久性基地。他们希望这个永久基地能在 2020 年左右满足地球的能源需求。而最终的登陆火星计划将在 2020~2030 年间实施。

科学家们认为，月球上提供的氦-3 可以被用于未来地球上的核聚变反应堆，能够在不产生核废料的情况下产生电力。据预测，这一月球探测计划将向地球输送 10 吨、价值 400 亿美元的氦-3。

欧洲

早在 1994 年，欧洲空间局就提出了重返月球、

苏联曾经是第一个实现航天器在月球着陆的国家。40 年后，其继任者俄罗斯正在重回登月的竞赛中努力着。2018 年 11 月 19 日，俄罗斯联邦航天局向外公布了俄罗斯登月计划，计划 2030 年之后首次登月，预计停留 14 天。还计划在 2035 年后，搭建一个完整的、可居住的月球基地。

建立月球基地的详细计划。同年，欧洲空间局成立了月球研究指导小组，提出了今后应加强月球探测与研究的三个主要方面或领域：第一，月球科学研究领域；第二，以月球为基地的科学观测；第三，建立生命科学研究基地。

此外，欧洲空间局还制定了月球探测计划与设想，如欧洲月球2000计划。这是由欧洲空间局发起的一个探月计划。该任务包括一个月球环绕卫星（MORO）和一个月球着陆探测器（LEDA），原计划在21世纪初发射，后因各方面原因被推迟。

欧洲空间局还有智慧1号月球探测计划。智慧1号英文名为SMART-1，它是欧洲空间局的第一个月球探测器，其主要目的是试验利用太阳能电推进技术，同时也试验探测器和仪器的其他新技术，收集月球地质、地貌、矿物和近月空间环境等的科学数据。智慧1号已于2003年9月27日发射，并已取得了计划中的成果。从2005年8月初开始，智慧1号进入科学探测寿命的延续期。2006年9月3日，智慧1号按计划主动撞击月球，结束了使命。

曙光计划是欧洲空间局于2004年2月提出的。尽管该计划是以火星

欧洲 SMART-1 探月飞行器

探测为主线，但月球探测活动起着至关重要的作用。该计划中与月球探测相关的主要部署为：2020 年前，进行一系列不载人的月球探测，包括月球轨道探测、月面软着陆与月球车勘测；2020~2035 年载人登月，建立月球基地；2035 年后，实现载人火星探测。

日本

2009 年 6 月 11 日，日本月亮女神月球探测器撞向月球表面，结束为期两年左右的探测任务。JAXA 网站公布信息显示，撞击点位于月球正面的右下角（东经 80.4°，南纬 65.5°）。科学家会通过研究碰撞点，来分析辐射物质和微流星体，如何随时间逐步侵蚀暴露在外的月球土壤。

🎧 日本月亮女神探月飞行任务标志

与月球相撞时，月亮女神探测器速度据估计可达每小时 6 000 千米，一些动能会转化成热和光，观测者可能会看到一道闪光转瞬即逝。

早在 1996 年，日本就提出了建造永久月球基地的计划，预计投资 260 多亿美元，在之后的 30 年之内建成月球基地，包括居住设施、氧和能源生产厂以及月球天文台等。

2005 年 1 月，日本宇航开发机构重新公布了未来 20 年的太空开发远景规划草案，主要方面就是建立无人月球基地、通过国际合作开展载

◖ 日本月亮女神探月飞行器

人航天活动，以及建设作为小行星探测中转站的空港等。

最近，媒体还披露了日本宇航开发机构建造有人活动的月球基地的计划。为此，日本还将在2025年之前建造像美国航天飞机一样的载人航天飞船。这一计划还包括在地球上发生大的自然灾害（如海啸）时，使用卫星来传送有关疏散和救援的信息，确定地球上人们的位置等。

尽管目前这些计划相关经费尚未落实，但是日本宇航开发机构的负责人表示，希望能够得到政府支持，以在利用月球方面采取更多重要的步骤。

印度

近年来，印度成为迅速崛起的空间国家，在月球探测方面也已经制定了极具雄心的计划。

印度的月球探测器名为月船1号（Chandrayaan-1），由印度空间研究组织卫星中心设计制造。其总质量为1380千克，造价约8300万美元。

月船1号已于当地时间2008年10月22日上午，由印度国产的极地卫星运载火箭PSLV-C11在萨迪什·达万航天中心发射升空。本来计划绕月飞行两年，携带11台科学仪器，以便从距月球表面100千米的轨道对月球进行研究，其中5台科学仪器是由印度自行研制的，其他由印度与欧洲和美国合作研发。月船1号成功在月球轨道运行了312天，并向月球表面发射了撞击探测器，对月球表面矿物质、化学和地形等特征进行了全面深入的探测。

2009年8月29日，印度与月船1号的通信全部中断，该探月项目的负责人称，月船1号已经完成了绝大部分的任务。

印度本打算在2011年后发射月船2号，并计划将一辆月球车送达月球表面，对月球进行多项科学研究，但一直未果。根据与俄罗斯2007年签署的协议，月球车将由俄罗斯制造。印度的目标是最终将印度宇航员送上月球。

🎧 印度月船1号月球探测器

9.4 开发月球，竞争还是合作

1977 年 5 月 25 日，《星球大战》第一部上映，自此让全球"星战"迷们进入了长达几十年的奇妙太空梦境。其实，几十年来一轮又一轮针对太空星体探索的激烈竞赛，即真实版的"星球大战"一直在世界强国间进行着。

科学家认为，再次登上月球的价值不仅在于让人类进一步掌握月球的起源及其与地球的关系，更重要的是以月球为跳板，进一步探索离我们更远的星球。在展开月球征程的同时，多个国家的眼光甚至已经锁定在包括火星、金星在内的其他星体上。目前，美国、俄罗斯、欧洲和印度等都已经制定了进一步发展火星无人和载人探测的计划，实现太空强国梦已经成为世界多个国家孜孜以求的目标。

世界各国对探索太空的执着，不仅仅是为了实现人类自古以来的"飞天梦"，更重要的是，航天技术的发展和成就已成为一个国家综合国力的直接体现，而且在政治、军事和经济领域都具有重大的战略意义，将对世界格局和一个国家在国际舞台上的地位产生意味深长的影响。

虽然航天事业是一项具有国际竞争性的事业，但是和平合作共同开发太空也是大势所趋。强国"逐鹿月球"，乃至于"逐鹿太空"，这场"大战"绝不应该是传统意义上的战争，而是在坚持共同开发、和平利用的原则下，人类就探索太空资源展开的竞争与合作之战。

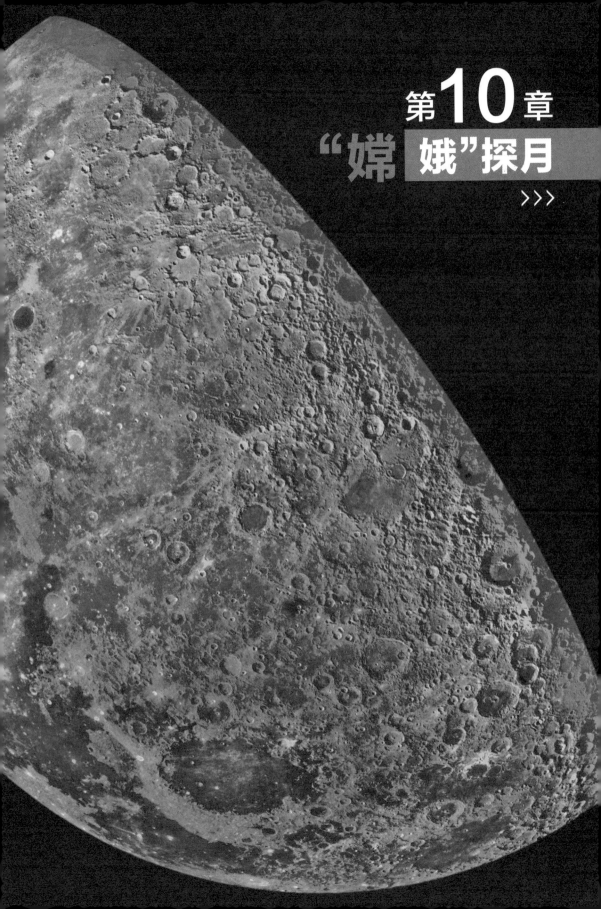

第10章
"嫦娥"探月

>>>

10.1 从月球带来的礼物

1978 年，正在贵阳潜心研究天体化学的欧阳自远，接管了一件特殊的国礼。也正是这份微小却珍贵的礼物，让欧阳自远与月球结下了不解之缘。

20 世纪 50 年代开始，成长中的中华人民共和国不甘心国内各个方面受制于苏联，加之不同的政治策略，更是让两国关系逐渐恶化。之后，观望中的美国向中国伸出了橄榄枝，在正式建交之前，美国国家安全事务助理布热津斯基访华，并携带了一份礼物和美国总统的一封亲笔信：

致华主席：

特备月球岩石标本一份赠送给您和中国人民，作为我们共同追求更美好未来的象征。

吉米·卡特

这份礼物就是装在有机玻璃盒内的一块月球岩石，盒子上有凸透镜，让岩石看起来很大，不过实际上质量只有 1 克。这块飞越了 38 万千米的月球岩石被小心地移交到了欧阳自远的手

🔊 美国总统卡特送给中国的月球岩石，现保存于北京天文馆

中。作为天文化学方面的专家，欧阳自远深知这块岩石的珍贵。自己平时的研究只能依靠地球自身的地质样本和采集到的陨石样本，而从月球上拿回来的岩石样本，世界上还只有美国有，毕竟只有美国人完成了登月并且携带岩石土壤返回。

为了能够对这份样品做好研究，欧阳自远召集了国内近百位专家，制定了详细的研究计划。

专家们先对岩石样本做了非破坏性测试与研究，但后续的研究与测试需要对样本造成破坏。专家们决定将月球岩石切成两块，其中的 0.5 克样品保存收藏，既是为了保存礼物，也是为了给以后的研究留下材料。对于另外的 0.5 克样品，专家们进行了各个方面的破坏性测试与研究，分析了岩石中的物理性质、矿物成分、结构构造、化学成分、微量元素与产出环境，能做的测试都做了。

对这 0.5 克样品的研究，直接产生了 14 篇论文。欧阳自远等专家也自信地推断出了这块岩石是阿波罗 17 号飞船从月球采集到的。

美国赠送礼物，一是为了两国交好，同时也打算试探一下中国当时的测试与研究水平，毕竟大国的交流，合作中总是带着博弈。

而中国专家的成果也足够让美国人信服。

这块岩石带来的远不止于此，交上完美的科研答卷之后，对月球的向往也在欧阳自远的心中深深地扎下了根。

1983 年，美国总统里根宣布了《战略防御倡议计划》（即星球大战计划），一时轰动了世界。

计划中提出要发展 5 大技术，建立 3 层 4 段拦截的战略防御体系。其中，5 大技术指的是：监视、捕获、跟踪及拦截评估技术，定向能武器技术，动能武器技术，系统分析及作战管理技术，抗毁、致毁及其关键技术。4 个拦截段是按照洲际弹道导弹的 4 个飞行阶段定制的，分别是助推段、助推后段、中段和末段。前两段为第一层，后两段分别为第二层和第三层，总拦截成功率达到 99%。

计划中对航天武器的描述让苏联大为震惊，而美国政府面对巨额的投资似乎也毫不犹豫。苏联被迫应战，调整国家财政支出比例，军费开支大幅增加。

多年后人们才弄清楚，美国的星球大战计划只是拖苏联下水的诱饵，给了苏联经济上致命一击，但全球范围的航天热潮却由此开始。

在美苏新一轮太空竞赛的同一时期，欧洲提出了尤里卡计划，日本出现了科技振兴政策，巴西、印度等国家也都制定了各自的航天计划。

中国选择跟踪研究国外高新技术，这就是著名的 863 计划。863 计划包括生物技术、航天技术、信息技术、先进防御技术、自动化技术、能源技术和新材料技术这七个领域的 15 个主题。航天技术成了 863 计划中的第二个高新技术领域，这样，欧阳自远的月球梦也离得更近了一步。

当时的中国已经具备了返回式卫星、气象卫星、资源卫星、通信卫星等的应用与发射能力，但其他方面却还没有技术积累。航天产业如何发展，成了对中国的巨大考验。在不断的争论中，中国航天选择进入国际发射市场，并在几年的时间中进行了 24 次国际商业发射，将美、法等国的 27 颗卫星送入太空。商业发射的成功开展带来了可观的收入，让航天科研得以继续和发展。而以此为平台，中国也在航天领域和国外有了更多的交流。

航天事业中各项计划的意义也有了更清晰的选择标准：要么能带来直接的经济收益，要么能带来技术进步。于是，之后的一些从政治角度出发的航天项目提议，因为没什么科研价值却又需要高投入，就都被否决了。

863 计划标志

863 计划被批准之后有很多人提出过探月设想，但它更接近一个简单的想法，并没有完整的规划。真正意义上的探月构想是 1994 年提出的，欧阳自远向 863 计划专家组递交了探月科研报告，得到了认同并获得了科研经费支持。从花在月球上的第一笔钱开始，中国航天人开始了对月球的探索。

10.2 探月工程的意义

在 863 计划获得批准以及财政拨款之后，关于航天的讨论持续了足有五年。中国已经拥有了多种应用卫星的研制和发射能力，继续设立专项搞航天的意义在哪里呢？载人航天以及向更深宇宙的探索在中国都是空白，巨大的资金投入需求与并不明确的收益之间的反差，让很多人对航天科研产生了怀疑。

事实上，对航天科研巨额资金投入的疑问久已有之。1970 年，赞比亚的玛丽·尤肯达修女给美国宇航局的恩斯特·施图林格博士写了一封信，表达了自己的疑问：目前地球上还有这么多小孩子吃不上饭，你怎么能舍得为远在火星的项目花费数十亿美元？

恩斯特·施图林格博士当时是美国宇航局马歇尔太空飞行中心的科学副总监，在火星之旅工程中有很多原创性工作。收到信之后，他认真地予以回复，并以《为什么探索宇宙》为题发表，解释了航天科研探索的意义。这封回信也成了对航天探索意义的最好诠释。

为了向修女解释，恩斯特·施图林格在表达了自己对航天科研事业的坚定立场之后，还讲了一个小故事：

"在 400 年前，德国某小镇里有一位伯爵，他是个心地善良的人，他将自己收入的一大部分捐给了镇子上的穷人。这十分令人钦佩，因为中世纪时穷人很多，而且那时经常爆发席卷全国的瘟疫。一天，伯爵碰到了一个奇怪的人，他家中有一个工作台和一个小实验室，他每个白天卖力工作，晚上则会花几小时专心进行研究。他把小玻璃片研磨成镜片，然后把研磨好的镜片装到镜筒里，以此来观察细小的物件。伯爵被这个前所未见的、可以把东西放大的小发明迷住了。他邀请这个怪人住到了他的城堡里，作为伯爵的门客，此后他可以专心投入所有的时间来研究这些光学器件。

"然而，镇子上的人得知伯爵在这么一个怪人和他那些无用的玩意儿上花费金钱之后都很生气。'我们还在受瘟疫的苦，'他们抱怨道，'而他却为那个闲人和他没用的爱好乱花钱！'伯爵听到后不为所动。'我会尽可能地接济大家，'他表示，'但我会继续资助这个人和他的工作，我确信终有一天会有回报。'

"果不其然，他的工作（以及同时期其他人的努力）赢得了丰厚的回报——发明了显微镜。显微镜的发明给医学带来了前所未有的发展，由此展开的研究及其成果，消除了世界上大部分地区肆虐的瘟疫和其他一些传染性疾病。

"伯爵为支持这项研究发明所花费的金钱，其最终结果大大减轻了人类所遭受的苦难，这回报远远超过单纯将这些钱用来救济那些遭受瘟疫的人。"

小故事中有大道理，这其实是一个短期投资解决当前问题与长期投资提高未来解决问题能力的选择。为了减少人们遭受的苦难而将资金投入是理所应当的事，甚至让这类投入有所增加也是应该的。但是对科研的投入却不能因此而减少。因为正是科研上的投入，确保了人类在未来可以从根本上解决问题，而不是出了问题临时修修补补。

航天工程需要有历史上前所未有的高精度与高可靠性，对于如此严苛的要求，人们必须寻找新材料、新方法；需要开发更好的工程系统；需要有更可靠的制造流程；需要让机器有更长久的稳定工作寿命，甚至需要探索全新的自然规律。

在这种高要求环境中诞生和发明的新技术，同样可以应用于地面的工程中。而地面工程的要求显然要比航天项目低得多，也会有广阔得多的应用场景。航天带来的新技术可以不断地被应用于日常生活，用以制造更好的生产工具，更可靠的交通工具，更好的通信设施与医疗设备，完成更准确的天气预报与自然灾害预警。

以美国为例，阿波罗登月计划实施中的 11 年间，参与其中的有约两万家企业以及 200 多所大学和研究机构，产生了 3000 多项专利。期间的科研成果直接带动了美国计算机、通信、测控、火箭、激光、材料和医疗等高新技术的全面发展，科技水平提高到了一个全新的高度。这些成果得到了足够应用并渗透到经济领域，造就了美国 20 世纪 80 年代的繁荣。曾经的质疑通过经济的高速发展与医用技术的全面进步得到了解答。

中国的探月工程，除了作为对未来的投资外，还有许多看得见的利益。在联合国《月球条约》中规定，月球及其自然资源是人类的共同资源，任何国家、团体、个人不得据为己有。但是首先，你要有足够的开发月球的能力，有了实力，才能维护权益。

同时，探月工程还能带动空间科学与空间应用的发展。通过月球这个平台，人们可以更好地研究地球的发展和太阳系的形成，甚至对宇宙本身起源和演变的研究都会有所推动，对空间现象与自然现象的研究也会为生命的起源和进化提供科研线索。

探月工程最直接推动的自然是我国的航天技术水平，可以解决一系列的难题，自然会带来多个方面技术的提高，包括大推力火箭、人工智能、计算机、机器人、自动化、遥感与通信、材料、能源以及空间技术，都会得到突飞猛进的发展。

如果以月球作为中转，深空探测也会有新的发展。从月球上起飞的航天器只需要消耗更少的能源，月球本身没有大气，充足的太阳能也可以成为天然的优势。月球上建立天文观测站，肯定会得到更加理想的观测环境。脱离了地球大气的影响，并且由于月球自转与公转的关系，对地球的观测一次可以持续14个地球日。

另外，最直接的是，探月工程一定会带来经济领域的发展。

基于同样的考虑，多个有航天技术基础的国家提出了各自的探月计划，除了技术与经济的利益，更多是国家之间综合国力的竞争。

开发月球已然成为当前的潮流，毕竟对于人类未来的重要资源的开发，只有有实力的国家才有发言权。

10.3 "绕、落、回" 三步走

欧阳自远的探月构想提出后，探月工程的具体实施又经过了专家们长达 10 年的反复论证，最终制定了探月工程 20 年的大规划。探月工程共分为三个阶段，分别是"绕"、"落"、"回"，在 2020 年前后完成。

中国探月
CLEP
🔊 中国探月工程标志

第一个阶段为"绕"。发射中国第一颗月球探测卫星，脱离地球轨道前往地外月球轨道，并实现绕月飞行。通过卫星上携带的探测设备与遥感探测技术对月球进行普查式探测。要获得月球表面的三维影像，还要探测月球表面元素含量与物质类型，同时探测月壤特性。在地月轨道转移过程中，探测地月之间的空间环境。该工程中，要重点突破的技术是地月轨道的转移与近月制动技术。

第二个阶段为"落"。这个阶段的重点是发射月球软着陆器，其上携带月球巡视勘察器（也就是俗称的月球车），经过地月轨道的转移与绕月

中国探月三步走计划示意图

飞行之后,进行软着陆和巡视勘察。通过软着陆器实现对地外天体的软着陆技术突破,月球车则进行自动巡视勘测任务,对着陆区的地形地貌、地质构造、岩石的化学和矿物成分以及月表的环境进行探测,并进行月岩的现场探测和采样分析。月面着陆、巡视以及月夜生存是这一阶段的技术重点。

第三个阶段为"回"。这一阶段不仅仅是要回传数据,还需要将采集到的月球样品带回地球,方式为发射月球采样返回器,在月表特定位置软着陆,分析采样之后携带样品返回。采样返回器将包括采样返回舱、月表钻岩机、月表采样机和机械操作臂等。这一阶段的技术重点是返回器自地外天体自动返回的技术以及后续对样本的精准分析。

三个阶段层层递进,通过前一阶段的技术积累为后一阶段做好准备。"绕"的阶段实现对月球整体且综合的探查,同时实现对地月空间的探测;"落"的阶段实现对选定区域的精准分析,为样本的采集提供标准;"回"的阶段实现样本的采集与分析,并为载人登月与月球基地的选址提供数据。

规划十分完整、科学,但是项目想要顺利推进,需要的努力还不止于此。决策者的支持和科技界的认可与项目的启动息息相关,政策与资金缺一不可。于是包括欧阳自远在内的多个专家,开始了艰苦的宣传与游说。这是个枯燥又复杂的工作,而且只能由专家们兼职。

苦心终有回报,科学家们的努力换回了实现立项的阶段性成功。

1997 年 4 月,杨嘉墀、王大珩、陈芳允三位中科院院士发表了 863 计划中的《我国月球探测技术发展的建议》,探月开始在科学界成为话题。

1998 年,由清华大学牵头的"月球探测机器人总体方案设计及关键技术分解"通过立项评审,我国的月球车研究拉开序幕。

2000 年 10 月,国家航天局局长栾恩杰院士在名为《面向 21 世纪的中国航天》的发言中明确表示,"在空间探测方面,将实现月球探测,并积极参与国际火星探测活动,使我国的空间探测技术上升到一个更高的水平"。同年 11 月,我国政府在《中国的航天》白皮书中,明确了近期发展目标包括"开展以月球探测为主的深空探测的预先研究"。多年的呼吁带来了回报,政府高层的表态给了探月事业莫大的支持和鼓舞。

在 2001 年 9 月召开的月球探测工程研讨会之后，中国的探月工程正式启动。随后，欧阳自远牵头制定的发射绕月卫星的第一科学目标与有效载荷配置方案，也通过了国家评审，并经过孙家栋院士组织的综合论证，确认了方案的可行性。

探月工程的五大工程目标也随即确立：

一是研制和发射中国第一颗探月卫星；

二是初步掌握绕月探测基本技术；

三是首次开展月球科学探测；

四是初步构建月球探测航天工程系统；

五是为月球探测后续工程积累经验。

探月计划实施方案报告送交总理办公室后，于 2004 年 1 月 23 日得到批准。工程启动后的领导小组会议上，大家提到这个项目还没有一个专属的名字。而中国人提到月亮，最先出现在脑海中的应该是嫦娥奔月了。这个耳熟能详的神话故事，寄托着一代代中国人对月球的向往。于是"嫦娥一号"成了我国第一颗月球探测卫星的名字，"嫦娥"也成了探月工程的专属名。

嫦娥工程的领导机构由总指挥栾恩杰、总设计师孙家栋和首席科学家欧阳自远组成，三人在各自领域都是杰出的带头人，强强联手合作攻坚，同时又能保持分工明确，"三位一体"的领导结构保证了嫦娥工程后续的稳定推进。

10.4 第一次出远门

在我国嫦娥工程之前的航天项目中，从没有尝试过让航天器脱离地球轨道前往更远的空间。嫦娥工程则成了第一个尝试出远门的航天项目，第一期工程即脱离地球轨道。进入还没有技术经验的新领域，这对我国的航天技术领域而言，是开创性的。

国外几个实施过探月飞行的国家，在初次探月飞行中通常选择撞击月球或者掠过月球，在"撞"或者"掠"的过程中对月球进行一定的观测，依照这些初步得到的数据再进行第二、三次发射，从而实现绕月飞行，这是相对稳妥而且技术难度也能相应降低的方法。但嫦娥工程的第一颗探月卫星选择直接完成绕月飞行，从技术上来说难度更大，但一次飞行实现预定目标，因此总的成本也得以降低，这其中蕴含着我国航天人

⚫ 嫦娥一号探月卫星变轨示意图

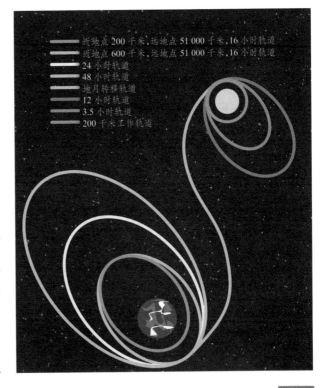

近地点 200 千米，远地点 51 000 千米，16 小时轨道
近地点 600 千米，远地点 51 000 千米，16 小时轨道
24 小时轨道
48 小时轨道
地月转移轨道
12 小时轨道
3.5 小时轨道
200 千米工作轨道

敢于担当的气魄。

嫦娥一号的使用寿命设计为一年，它被赋予了四项科学使命：

第一，获取月球表面三维立体影像，精细划分月球表面的基本构造和地貌单元，进行月球表面撞击坑形态、大小、分布、密度等的研究，为类地行星表面年龄的划分和早期演化历史的研究提供基本数据，并为月面软着陆区选址和月球基地位置优选提供基础资料等。

第二，分析月球表面有用元素含量和物质类型的分布特点，主要是勘察月球表面有开发利用价值的钛、铁等14种元素的含量和分布，绘制各元素的全月球分布图、月球岩石、矿物和地质学专题图等，发现各元素在月表的富集区，评估月球矿产资源的开发利用前景等。

第三，探测月壤厚度，即利用微波辐射技术，获取月球表面月壤的厚度数据，从而得到月球表面年龄及月壤厚度的分布情况，并在此基础上，估算核聚变发电燃料氦-3的含量、资源分布及资源量等。

第四，探测地球至月亮的空间环境。月球与地球平均距离为38万千米，处于地球磁场空间的远磁尾区域，卫星在此区域可探测太阳宇宙线高能粒子和太阳风等离子体，

研究太阳风和月球以及地球磁场磁尾与月球的相互作用。

为了完成科学目标，嫦娥一号搭载了多种任务载荷，包括8种24台探测仪器：微波探测仪系统、γ射线谱仪、X射线谱仪、激光高度计、太阳高能粒子探测器、太阳风离子探测器、CCD（Charge-coupled Device，电荷耦合元件）立体相机和干涉成像光谱仪。这些仪器总重为130千克。

为了能拍出月球表面的三维立体影像，CCD相机的拍摄方式为三线阵，从嫦娥一号卫星的前方、下方和后方分别拍摄，这样拍摄到的月貌会有三个视角的图像，经过数据处理之后生成立体的地形。为了使成像结果更精确，卫星上配备了激光高度计。激光高度计每秒测量一次，不断地发出激光测量扫描点的高度。通过在一年的工作中激光测得的高度数据，绘制出月面高度分布图。CCD图像与高度分布图结合之后，形成的月面立体图将非常精确。

2005年上半年嫦娥一号的各项方案都基本确定的时候，还是出现了一次意外的考验。气象部门根据嫦娥一号的工作时间推测发现，在一年的工作寿命之内，有两次月食将无法避免。月食发生时，地球处

于太阳与月球中间，挡住了射向月球的阳光，使得月球没有反射到地球的光线而成为黑暗的球体。

此时的黑暗环境，是对绕月卫星的极大考验。嫦娥一号的主要能源，来自其上展开的太阳能电池板通过太阳光照转化出的电能。由于与月球一同进入地球身后的黑暗地带，太阳能板失去了阳光的照射就无法工作。卫星表面的温度也会急剧下降并保持低温，最低将达到−130℃。长时间在如此低温的环境中，卫星上搭载的仪器也有停止工作的可能。嫦娥一号原本设计的阴影工作时间从45分钟突然增加到了3小时，为了保证卫星上的设备工作正常，蓄电池的能源供给需要很大提高，而且持续低温环境下的工作性能也必须同时得到保证。

突如其来的巨大考验使许多已经做好的设计被迫修改，而且设备的可靠性也必须重新验证。但航天人从没有被困难吓退过，他们很快就从沮丧中振作起来，根据新的功能要求，开展了一系列的攻关和更全面的分析。经过数月的努力，嫦娥一号终于成型。

这是一个2000mm×1720mm×2200mm的大家伙，头部两侧还有两个太阳能电池板，展开之后最大跨度可达18.1米。

为避免月食所造成的断电对嫦娥一号的威胁，航天专家决定让部分探测设备进入"冬眠"，暂停工作，将电力消耗控制在最低水平。同时，为将月食的影响降到最低，通过抬高嫦娥一号的运行轨道，缩短它从月食阴影中穿过的时间。这样一来，当嫦娥一号经过月食阴影区时，也不会影响它的正常运行。

嫦娥一号卫星工程由五个部分组成，分别是绕月卫星、运载火箭、发射场、测控和地面应用。为了实现嫦娥一号卫星的顺利发射，最终的设计选择了长征三号甲火箭。长征三号甲火箭可以将2.6吨的有效载荷送入地球同步转移轨道，而且拥有十分灵活先进的控制系统，适应性很强。为了确保发射的可靠性，长征三号甲火箭进行了一些改进。在火箭的测试和装配过程中，严格执行规程，确保产品质量，进入发射场后，还进行了4次总检来确保其良好的状态。

火箭发射的时间通常被称为"窗口时间"，即比较适合发射的时间范围。对火箭来说没什么窗口限制，只有卫星才会受此影响，在窗口时间

🔊 嫦娥一号探月卫星

窗口时间分为年计窗口、月计窗口和日计窗口，更精确的还有一种零窗口，指的是按照选定时间分秒不差地发射火箭。

航天人有时候自己开玩笑，说每次有任务，大家想喘口气放松下来都要排队，因为每次任务不同的团队会负责不同的阶段。先可以喘口气喝口茶的是运载系统的人，毕竟卫星上天之后他们的大部分工作就已经完成了，这时候卫星控制系统的人们才真正开始紧张起来。

发射并到达轨道上的目标点，卫星才能正常执行下一步的任务。

嫦娥一号的发射时间设定为2007年10月的24日至26日，三天时间均可。为了减少修正，方便变轨，最终的选择是零窗口发射，时间为2007年10月24日的18时05分。

长征三号甲火箭将嫦娥一号送入绕地飞行的大椭圆轨道之后，还需要进行一次远地点和三次近地点变轨，来进入地月转移轨道，再经过几次中途修正和三次近月制动，最后将卫星送入绕月轨道。

2007年11月5日，嫦娥一号顺利到达绕月轨道，轨道距离月球200千米，绕月周期为127分钟。此后的一年，嫦娥一号将在自己的轨道上不停地工作并向地球回传数据。

这一年，也是它的一生，它最终将以撞击月球的方式，宣告使命的完结。

2007年11月22日，嫦娥一号传回了首张月面图。回传的并非是传统的图像数据，而是经过加密的数据信息，经由地面获取并解算之后，进行修正与拼接，完成图像的制作。

从2007年10月24日发射升空到2009年3月1日完成撞月，嫦娥一号一共回传了约1.37TB的数据。通过对数据的分析研究，我国获得了五项科研成果：

①获得了具有国际先进水平的全月球影像图，图像实现了对月球100%的覆盖，且有很高的几何配准精度与数据完整性。

②获得了精度和分辨率最高的全月球数字高程模型（DEM）和三维月球地形图。

③获得了重要元素的全月球和局部区域的含量分布数据。

④获得了月表微波辐射亮温数据的全月球分布数据。

⑤获得了独特的近月空间高能粒子和太阳风离子数据。

月球北极

月球南极

新的探月浪潮，是各国对月球潜在能源与月球科技制高点的争夺。既然中国已经有参与正常竞赛的实力，就一定不会缺席，提高自己的实力才能真正维护人类共同资源良好且公正的开发秩序。中国的探月工程自力更生，从无到有，如今，漫长而艰苦的探索终将获得回报，历史也会铭记一代代航天人不懈的奋斗。

陪同嫦娥一号升空的还有传统的戏曲选段和优秀歌曲。

→ 嫦娥一号获得的月球影像图

10.5 孤独的远行

　　我国航天人从不打无准备之仗，为确保探月工程的顺利完成，探月卫星嫦娥一号还有一颗备份卫星，即嫦娥二号。如果一号没能顺利完成任务，则剩下的任务将由二号接替。不过让人们欣喜的是，嫦娥一号顺利完成任务并取得了丰硕的成果，二号也因为不再是替补而被赋予了新的使命。借着嫦娥一号积累的经验，嫦娥二号决定更进一步，做到"快、近、精、多"。

　　"快"指的是时间快，嫦娥二号到达月球的时间从嫦娥一号的12天缩短至5天。

　　"近"指的是环月轨道离月面更近，从嫦娥一号的200千米降低高度到100千米轨道，还要进行15千米降轨，更精细地观察月球。

　　"精"指的是测量精度更高，CCD相机在100千米的高度时成像精度优于10米，15千米高度时则达到1.5米。

　　"多"指的是试验项目和内容更多。

　　由于嫦娥二号计划通过运载火箭直接进入地月转移轨道，这需要运载火箭有足够的运载能力。之前的长征三号甲火箭由于能力不足无法使用，而长征三号乙火箭又是在大材小用，最终的设计方案选择了折中的长征三号丙火箭。

　　相比于嫦娥一号卫星，嫦娥二号卫星将做出六个方面的突破。

　　首先，实现通过运载火箭直接将卫星送入地月转移轨道的技术。由于省去了地球附近的过渡轨道，进入绕月轨道的时间大大缩短。这样做的原因是为了给未来的载人登月做好准备。载人登月时在轨时间越短越好，这样能让宇航员为太空实验分配更多的时间。

第二个突破是试验 X 频段深空测控技术，初步验证深空测控体制。在嫦娥二号之前，我国的卫星通信都是使用 S 频段的卫星测控，而深空探测则需要使用 X 频段，因为它有更高的传输速率和测定的精度，也有更远的通信距离。

第三个突破是首次验证 100 千米的月球轨道捕获技术。与嫦娥一号相比，此次的目标轨道更低，为了避免与月球相撞，需要更高的控制精度。

第四个突破是验证在远月点 100 千米、近月点 15 千米的椭圆轨道上的轨道机动与快速测定轨技术。

第五个突破是试验全新的降落相机、监视相机、低密度校验码遥测信道编码和高速数据传输等技术。

第六个突破是对嫦娥三号预选着陆区进行高分辨率成像试验。

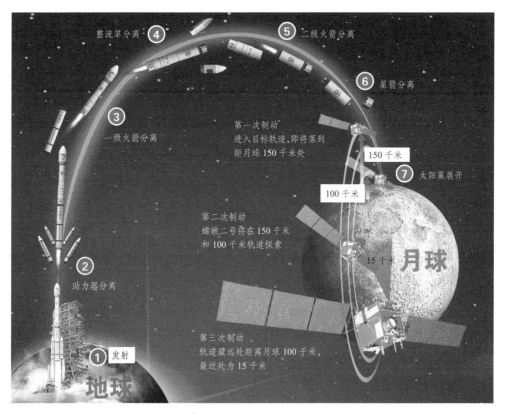

嫦娥二号飞行任务示意图

相比于嫦娥一号，嫦娥二号的载荷在性能上有了很大的提高。CCD相机的分辨率从120米提升到了10米，激光高度计的测量频率从一秒一次增加到一秒五次。γ谱仪与X谱仪的测量精度也有了提高，能够重点探测3种月表天然放射性元素和6种主要造岩元素的含量。

嫦娥二号的发射时间定为2010年10月1日18时59分57秒，发射过程与变轨过程同嫦娥一号一样顺利。2010年10月26日，嫦娥二号从之前的100千米×100千米的圆形轨道降轨进入月球虹湾成像轨道，近月点高度约15千米，基本位于虹湾上空。随后CCD相机开始了对虹湾地区优于1.5米分辨率的地形地貌勘察。嫦娥二号卫星在虹湾成像轨道中一共飞行超过30圈，对虹湾成像达几十次。10月29日，完成拍摄后的嫦娥二号卫星重新返回到了100千米×100千米的圆形轨道。

传回的虹湾影像图图像分辨率达到了约1.3米，在图上可以看到直径4米左右的月球坑和3米左右的石块。高精度的影像为嫦娥三号的软着陆打下了基础。

嫦娥二号在达到半年的设计寿命并圆满完成任务后，卫星上仍有燃料剩余，且卫星工作状态良好。

此时，该让嫦娥二号有一个什么样的结局成为工程团队的论证课题。

讨论中共出现了5种方案：

第一，与嫦娥一号一样受控撞月。这个只是依照惯例的做法。

第二，让嫦娥二号继续环月飞行。由于任务已经完成，继续飞行并不能带来多少新成果，反倒是增加了太空垃圾。

第三，返回地球。性能上能够做到，但是卫星上的燃料已经不足以返回。

第四，离开月球前往深空，进行测控拉距试验，有研究价值，不过研究目标单一。

第五，奔向日-地拉格朗日L2点。

经过论证，到达日-地拉格朗日L2点之后再奔向深空，将最有试验价值。于是嫦娥二号的拓展试验由此展开。试验共有三项：

首先是补拍月球两极的漏拍点，使我国拥有完整的高分辨率全月图。

其次是降低轨道高度至15千米，在月球背面不可视的情况下主发动机降轨，验证自动控制系统、导航控制系统和主发动机之间的协同能力，同时再次对虹湾地区成像。

第三项则是全新的探索，让嫦娥二号从月球逃逸，奔向日-地拉格朗日 L2 点之后飞往更远的深空。处在日-地拉格朗日 L2 点的卫星，与太阳和地球的位置会相对静止，此时只需少量能源即可维持轨道，这个位置也就非常适合观测用卫星进行驻留，并且成为卫星在太阳系穿行的绝佳起点。

用嫦娥二号上剩余的燃料前往日-地拉格朗日 L2 点，在可靠性、测控系统与控制精度上都是一项新的挑战。工程团队通过精准的轨道设计，用 77 天的时间成功让卫星到达目标点。之所以花这么长时间，是因为燃料十分有限，跑得慢才能跑得久，跑得久才能完成更多的试验。

前方是遥远的深空，嫦娥二号在拉格朗日点最后一次安静地回望地球，然后便义无反顾地踏上了自己的孤独旅程。

漫长的旅程中总会有新的风景。2012 年 12 月 13 日 16 时 30 分 09 秒，在距离地球 700 万千米远的深空，嫦娥二号卫星与名为 4179（图塔蒂斯）的小行星擦肩而过。嫦娥二号本不是为观测小行星而设计的，两者的相对速度达到了每秒 10.73 千米，如此大的速度意味着非常短的观测窗口时间，实现观测是一项巨大的挑战，但不管是否成功，都将是一次宝贵的经历。

嫦娥二号作为孤独的行者再次创造了神话，不仅完成了与小行星的擦肩而过（最近距离达到了远小于天体学家预估的 3.2 千米），并成功地为小行星拍了照。之后，嫦娥二号又潇洒地踏上了旅途。

在深空有无数的小型天体，嫦娥二号究竟能平安地走多远，没有人能预料。但也同样没有什么能阻挡"虽千万天体，吾往矣"的豪迈气势。如今，在遥远的深空，这个孤独的行者仍在不断向前。

"虽千万天体，吾往矣"，原句是"虽千万人吾往矣"，出自《孟子·公孙丑上》，意思是纵然面对千万人（阻止），我也勇往直前。孟子认为这是一种勇气和气魄，代表一种勇往直前的精神。

10.6 "玉兔"巡月

嫦娥二号留下了足够的数据之后，奔向了深空，也将后续探月工程的重任交给了嫦娥三号。嫦娥三号则有了新的目标：

①突破月面软着陆、月面巡视勘察、深空测控通信与遥操作、深空探测运载火箭发射等关键技术，提升航天技术水平。

②研制月面软着陆探测器和巡视探测器，建立地面深空站，获得包括运载火箭、月球探测器、发射场、深空测控站、地面应用等在内的功能模

● 嫦娥三号着陆器

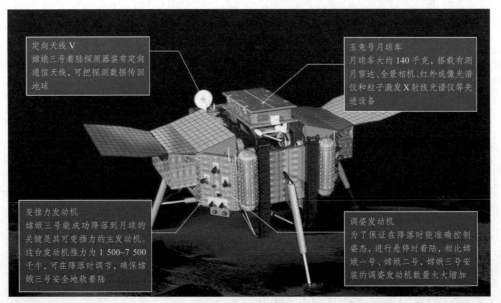

定向天线 V
嫦娥三号着陆探测器装有定向通信天线，可把探测数据传回地球

玉兔号月球车
月球车大约 140 千克，搭载有测月雷达、全景相机、红外成像光谱仪和粒子激发 X 射线光谱仪等先进设备

变推力发动机
嫦娥三号能成功降落到月球的关键是其可变推力的主发动机。这台发动机推力为 1 500~7 500千牛，可在降落时调节，确保嫦娥三号安全地软着陆

调姿发动机
为了保证在降落时能准确控制姿态，进行悬停时着陆，相比嫦娥一号、嫦娥二号，嫦娥三号安装的调姿发动机数量大大增加

块，具备月面软着陆探测的基本能力。

③建立月球探测航天工程基本体系，形成重大项目实施的科学有效的工程方法。

这三类科学探测任务包括：月表形貌与地质构造调查；月表物质成分和可利用资源调查；地球等离子体层探测和月基光学天文观测。概括起来说，整个嫦娥三号的任务就是观天、看地和测月。

嫦娥三号飞行任务中搭载了一辆月球车玉兔号，并要实现月面软着陆，因此整个奔月系统的质量增加到了 3.78 吨。这次，长征三号系列运载火箭中"力气"最大的长征三号乙运载火箭终于有了大显身手的机会。长征三号乙运载火箭的地球同步转移轨道的运载能力为 5 吨，是长征三号系列运载火箭中运载能力最大的。

2013 年 12 月 2 日，在西昌卫星发射中心，嫦娥三号由长征三号乙运载火箭送入太空。

有了前面两次的成功探索，嫦娥三号从发射到进入绕月轨道再到 100 千米×15 千米椭圆轨道，一切都十分顺利。然而真正的挑战才刚刚开始——嫦娥三号要在距离月面 15 千米高度处开始下降，并且应在几百秒内安全降落到着陆区。

由于月球没有大气，降落只能依靠发动机的反推。虹湾地区相对平

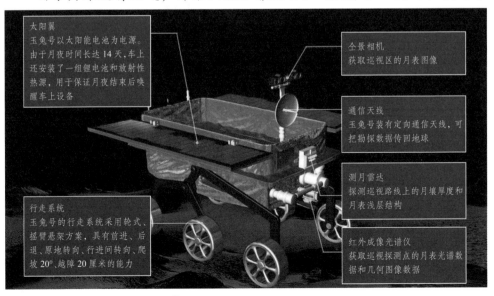

太阳翼
玉兔号以太阳能电池为电源。由于月夜时间长达 14 天，车上还安装了一组锂电池和放射性热源，用于保证月夜结束后唤醒车上设备

全景相机
获取巡视区的月表图像

通信天线
玉兔号装有定向通信天线，可把勘探数据传回地球

测月雷达
探测巡视路线上的月壤厚度和月表浅层结构

行走系统
玉兔号的行走系统采用轮式、摇臂悬架方案，具有前进、后退、原地转向、行进间转向、爬坡 20°、越障 20 厘米的能力

红外成像光谱仪
获取巡视探测点的月表光谱数据和几何图像数据

玉兔号月球车组成部件示意图

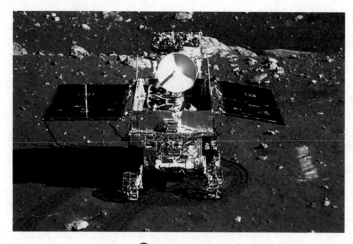

玉兔号月球车

坦，但仍然有许多石头与壕沟，着陆时只有避开这些区域才能保证设备的安全。而着陆器安全降落之后，还需要让月球车从着陆器上分离、释放、解锁、转移。如果降落在平坦地区，月球车出门就容易得多。但如果附近有障碍物，月球车恐怕将难以出门。

令人欣慰的是，嫦娥三号的软着陆一切顺利，于2013年12月14日成功在月球着陆。事实上，我们在"落"这个阶段上的真正主角此刻才刚刚登场，它就是执行此次任务的月球车玉兔号。

着陆器降落于月面之后，在着陆点环境参数、设备状态、太阳入射角度等多项检查通过之后，着陆器与月球车开始分离。2013年12月15日4时35分，玉兔踏上了月球，并在月面上留下了十多米长的车辙。从这道辙印开始，在荒凉的月球上，玉兔开始了不会返回的旅程，也留下了中国航天人探索的痕迹，但是它并不寂寞。

月球车玉兔的第一条微博

"大家好，我是月面巡视探测器玉兔，你可以叫我@月球车玉兔。我来自中国，4个小时后将和嫦娥三号一起飞向月球。我长得有点普通，但能探测和考察月球，会收集、分析样品。这是我第一次发微博，希望接下来几个月，能和大家分享太空的样子。其实我有点紧张……希望这次能完成任务。"

——2013年12月1日，一个名称为"月球车玉兔"的账号出现在了微博上，并发出了它的第一条微博。从此开始，月球车以一个拟人的形象进入了大家的视野，并与大家保持着交流。

此后的日子里，玉兔的微博账号积极反馈、汇报着月球探索的进展，并不时对大家进行着科普。萌萌哒的语气与配图直接让这个账号彻底地火了一把，一时成了微博用户的共同萌宠。

事实上，即使是航天的死忠粉，如果没有在相关岗位工作，也不会时刻对项目的新进展保持关注。但是有了这样一个可爱的微博账号，人们只需简单地刷一下微博，就能了解38万千米外发生的事。航天原来也能这么亲民。

这样的幸福感持续着，直到玉兔在2014年1月25日发布了这样一条微博："啊……我坏掉了。"

月球车玉兔
2014-1-25 11:00 来自 微博 weibo.com
啊……我坏掉了。

☆ 收藏　　　　↗ 41582　　　　💬 13862　　　　👍 8432

月球车出现故障的消息如同噩耗一般开始蔓延。平时相对安静的评论区（一般有几百条评论），这一次评论突然猛增到13 000多条。人们开始搜索消息，查找真相，甚至许多人希望这只是微博上的恶作剧。

然而事实却让人伤感，玉兔在进行第二次月夜休眠前，已经出现了机构控制异常。网友们只

● 月球车玉兔微博

能接受事实，并开始在网上为玉兔祈福。

这一刻，航天不再只属于小圈子，公众对航天事业的关注与忧心丝毫不亚于航天人。一次让人揪心的故障，却也让大家清楚地感受到，航天真的是人类面向未来的共同事业。

之后，玉兔月球车虽然完成了全面苏醒，但仍然因为故障而无法移动。坚强的玉兔带着"伤病"完成了自己的探测任务，虽然设计寿命是3个月，但仍然做到了超期服役两年多。在2016年7月31日晚上，玉兔结束了自己的月球之旅，在发了最后一条微博后，真正是永远地睡着了——

 月球车玉兔的最后一条微博

月球车玉兔

2016-7-31 23:19 来自 微博 weibo.com

Hi！这次是真的晚安咯！！！还有好多问题想知道答案……但我已经是看过最多星星的一只兔子了！如果以后你们去到更深更深的宇宙，一定要记得拍照片，帮我先存着。月球说为我准备了一个长长的梦，不知道梦里我会跃迁去火星，还是会回地球去找师父？[lt耳朵] ⊘ 网页链接

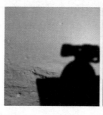

☆ 收藏　　　　　　⤴ 51757　　　　　　💬 64027　　　　　　👍 123784

2016年8月4日，在超负荷工作19个月之后，嫦娥三号探测器也正式退役，停止了长达31个月的工作。嫦娥三号探测器也创造了全世界在月工作最长纪录。

在寂静的月球表面，一只完成了任务终于可以休息的"兔子"静静地沉睡着，它带去了中国的印记与中国的航天梦、月球梦。现在，它安静地等待着，等待着嫦娥四号、嫦娥五号去看望它，也等待着中国未来的登月宇航员。

等待很孤独，但不会漫长。

10.7 探秘月球背面

嫦娥四号和嫦娥二号一样，原先的任务也是担任"替补"，但嫦娥三号圆满完成月面软着陆后，嫦娥工程项目的科技人员开始重新考虑嫦娥四号该担负什么样的任务。

2016年1月14日，嫦娥四号任务方案通过了探月工程重大专项领导小组的审议，批准正式开始实施。这一次，嫦娥四号的目的地便是月球的背面。

如果说我国的航天技术半个多世纪以来一直处于"跟跑"的状态，不断追踪与追赶国外的先进水平，那这一次嫦娥四号将目标锁定在月球的背面，则是我国航天人的第一次领跑，因为还没有哪个国家实现过在月球背面的着陆。

对于不了解的事物，人们总是会充满推测与联想。关于看不见的月球背面，许多年以来有过很多充满神秘感的传说：有传月球背面有外星人的基地，也有传在百慕大三角地区失踪的飞机都被藏在月球的背面……

对于神秘的月球背面，历史上苏美两国都曾经发射过探测器进行过观察。早在1959年10月4日，苏联就发射过一个名为月球3号的无人月球探测器，人类第一次拍摄到了月球背面的照片。月球3号拍摄并传回29张月球背面的图片，覆盖了

月球绕地球公转与自转的周期是相同的，都是27天7小时43分11.47秒，加上潮汐锁定，我们在地球始终只能看到月球的半面。"人生代代无穷已，江月年年只相似"，无论是唐代的诗人张若虚、李白，还是数亿年前的恐龙，看到的都是半个月亮。如果我们把面对地球的这半面定义为月球的正面，则另一面为月球的背面。而人类很少见到过月球背面的真正情形。

月球背面70%的面积。这次月球背面的探测飞行，自然是没有发现什么外星人。通过拍摄的图片，人们看到的月球背面主要是高地和山脉，大面积的月海也没有正面那么多。

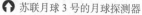

苏联月球3号的月球探测器　　1959年发行的纪念邮票一枚

1968年12月21日，载着三名宇航员的阿波罗8号飞船发射升空，3位宇航员在环月飞行时，亲眼看到了月球的背面，"眼见为实"，月球背面的确没有什么令人觉得异常的物体。

越来越多的月球探测器发回的图片信息表明，月球背面并没有什么奇特之处，但与月球的正面相比也确有一些不同之处：月球正面相对较为平坦，而背面则崎岖不平，遍布坑坑洼洼的撞击坑；月球上的22个月海，19个在正面，而3个很小的月海在背面。

人类之前对月球背面的探测，无论是无人的月球探测器，还是载人的阿波罗飞船，都只能算是"远观"。在嫦娥四号之前，还没有哪个国家的航天器曾经踏足过月球背面。而这一次，嫦娥四号是实实在在地要落在月球的背面，把这个神秘之境看个究竟。

由于嫦娥四号要登陆在月球的背面，具体来说是靠近月球南极附近的艾特肯盆地，这意味着，登陆月球后，嫦娥四号将背对地球，通信信号无法穿透月球，因此无法与地球上的任何一个测控中心进行联系。解决的办法就是发射一颗通信中继卫星来进行数据的接力传输，并完成对嫦娥四号的测控。

鹊桥中继卫星运行在地月引力平衡点L2

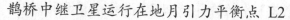

月球的正面（上）与背面

嫦娥工程是中国人第一次对地外星体的大规模探测，航天器的命名也都具有中国传统文化的特色。为嫦娥四号服务的中继星的命名也是颇具中国韵味——2018年4月24日，在中国航天日这一天，国家航天局正式宣布这颗中继卫星的名字是"鹊桥"。

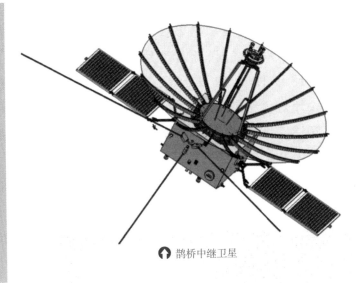

⬆ 鹊桥中继卫星

点的晕（Halo）轨道上。在这个位置卫星所受到的来自月球和地球的引力刚好抵消，可以较小的能量保持在这个位置。但它也有一个奇特的飞行轨道，就是环绕 L2 的晕轨道。在这个位置，中继卫星既可以"看到"地球，也可以"看到"月球背面，从而可以实现中继卫星与地面的双向通信，也可以实现与在月球背面的嫦娥四号探测器的双向通信，这就是鹊桥的作用与使命，它的名字也恰如其分。

2018 年 5 月 21 日，在我国西昌卫星发射中心，长征四号丙运载火箭成功将鹊桥中继卫星发射升空。6 月 14 日，成功实施轨道捕获控制，进入环绕距月球约 6.5 万千米的地月拉格朗日 L2 点的 Halo 任务轨道，成为世界上第一颗在此轨道运行的卫星。

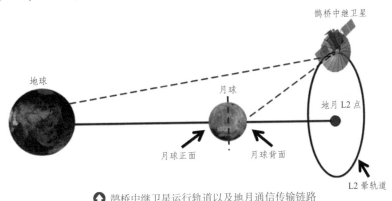

⬆ 鹊桥中继卫星运行轨道以及地月通信传输链路

　　有了鹊桥中继卫星的值守，嫦娥四号与地面通信的问题就得以解决。

　　2018年12月8日凌晨2时23分，嫦娥四号月球探测器由长征三号乙运载火箭成功发射，开启了月球探测的新旅程——目的地是月球背面。

　　2018年12月12日16点39分，嫦娥四号探测器结束地月转移段飞行，按计划顺利完成近月制动，并成功进入环月椭圆轨道。

　　2018年12月12日16时45分，嫦娥四号探测器到达月球附近，成功实施近月制动，被月球捕获，进入了环月轨道。

　　嫦娥四号月球探测器经历了奔月飞行、近月制动、环月降轨，于2018年12月30日8时55分，顺利进入预定的月球背面着陆准备轨道。

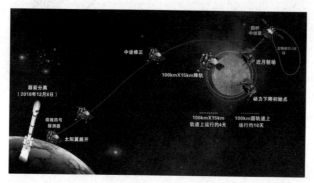

嫦娥四号飞行轨道示意图

　　2019年1月3日早上，嫦娥四号月球探测器从距离月面15千米处开始实施动力下降，探测器的速度从相对月球1.7千米/秒逐步下降。在6~8千米处，探测器进行快速姿态调整，不断接近月球；在距月面100米处开始悬停，对障碍物和坡度进行识别，并自主避障；选定相对平坦的区域后，开始缓速垂直下降。

　　2019年1月3日10时26分，在反推发动机和着陆缓冲机构的"保驾护航"下，嫦娥四号探测器成功着陆在月球背面南极-艾特肯盆地冯·卡门撞击坑的预选着陆区（东经177.6°、南纬45.5°附近），成为人类第一个在月球背面着陆的航天器。

　　嫦娥四号也搭载了一辆月球车，其名称通过向公众征集的方式，最终确定为玉兔二号，它是在月球另一面着陆的玉兔号月球车的"妹妹"。

　　嫦娥四号月球探测器登陆月球背面的当天下午3时7分，北京航天飞行控制中心的工作人员通过鹊桥中继卫星向嫦娥四号发送了指令，玉兔二号月球车与嫦娥四号开始执行分离程序。晚上10点22分，玉兔二号月球车顺利到达月面，开始巡视探测工作。

　　玉兔二号月球车离开嫦娥四号的"怀抱"，像一个婴儿一样带着好奇的心情开始探索这个神秘的月面环境,同时也恋恋不舍地回望嫦娥四号。于是,北京航天飞行控制中心的工作人员,通过鹊桥中继卫星发送了拍照的遥控指令,着陆器对玉兔二号"宝宝"拍了一张照片,作为月球巡视器的玉兔二号则回拍了一张着陆器的照片。两幅图片清晰显示了着陆器和月球巡视器周围月球背面的地形地貌,它们身上的五星红旗也分外醒目。

⬆ 嫦娥四号眼中的小不点——玉兔二号

在嫦娥四号着陆器上还搭载了生物科普试验载荷,选择了棉花、油菜、土豆、拟南芥、酵母和果蝇六种生物作为样本,将它们的种子和虫卵带到月球上进行培育。

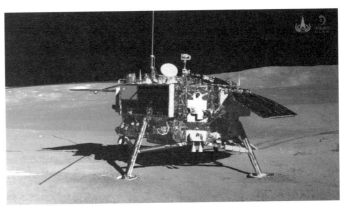

⬆ 玉兔二号拍摄的嫦娥四号着陆器

在登陆月面12天后,试验搭载的棉花种子已经长出了嫩芽,这再次创造了一个新的世界第一,人类第一次在月面进行生物生长培育实验。

嫦娥四号不仅搭载了我国自行设计研发的多个试验载荷,同时也以开放的胸怀为四个国家提供了搭载试验,其中包括荷兰低频射电探测仪、德国月表中子与辐射剂量探测仪、瑞典中性原子探测仪和沙特月球小型光学成像探测仪。

美国宇航局按照我国提供的轨道数据和着陆点数据,于 2019 年 1 月

30 日调用环绕月球飞行的月球勘测轨道飞行器，拍摄到了我国嫦娥四号着陆器。由于月球勘测轨道飞行器轨道高度较高，所拍摄到的嫦娥四号在图像上只有两个像素，但毫无疑问证实了我国已成功地实现在月球背面着陆。

2019 年 1 月，随着巡视器月球车玉兔二号与着陆器成功分离。图像数据顺利通过鹊桥中继卫星回传地面，搭载的多项国内外试验载荷顺利开展工作，标志着我国的探月工程嫦娥四号任务取得了圆满成功。

嫦娥四号的月背着陆在我国乃至人类航天史上都是具有里程碑意义的。

通过实施嫦娥四号任务，我国实现了两个"第一次"：第一次实现人类探测器月球背面软着陆；第一次实现人类航天器在地月 L2 点对地对月中继通信。同时，嫦娥四号有望获得一批重大的原创性科学研究成果，并将为深空探测领域军民融合、创新发展积累重要经验。

2019 年 2 月 20 日，中共中央总书记、国家主席、中央军委主席习近平在北京人民大会堂亲切会见了探月工程嫦娥四号任务参研参试人员代表。

习主席在会见中肯定了嫦娥四号的开创性成就，并指出"伟大事业都始于梦想，梦想是激发活力的源泉"，"每一个行业、每一个人都要心怀梦想，奋勇拼搏，一步一个脚印，一棒接着一棒，在奋力奔跑和接续奋斗中成就梦想"。

中国人千年揽月梦想，在创新、拼搏、奋斗与实干中得以梦想成真，相信在不久的将来，在浩瀚的星辰大海中，会有更多中国人成就人类探索浩瀚宇宙的共同梦想。

10.8 把中国名写在月球上

　　对月球上的地理实体进行命名始于 17 世纪初期的欧洲，到了 20 世纪后半叶，命名权转移到了进行月球观测和探测活动较多的美国和苏联手里。目前，国际上由国际天文学联合会统一进行月球地理实体命名的管理和审批。

　　2016 年 1 月 5 日，国际天文学联合会批准在嫦娥三号着陆区，共有 4 个月球地理实体以中国名命名，它们分别是广寒宫、紫微、天市和太微。

　　时隔三年之后，2019 年 2 月 4 日，国际天文学联合会批准了嫦娥四号着陆点及其附近 5 个月球地理实体的命名：嫦娥四号着陆点命名为天河基地；着陆点周围呈三角形排列的三个环形坑，分别命名为织女、河鼓和天津；着陆点所在冯·卡门坑内的中央峰命名为泰山。

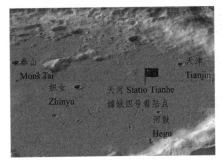

⬆ 嫦娥四号着陆区及其地理名称三维景观图

　　除了这些新命名的月球地理实体，还有以我国十位杰出人物的名字命名的月球上的环形山和撞击坑，他们分别是祖冲之、万户、石申、张衡、郭守敬、毕昇、李白、蔡伦、高平子、张钰哲。我国神话传说中的"嫦娥"和瓷都"景德"也被用来命名了月球的撞击坑。另外，还有两个常见的中国女性的名字，"宋梅"和"婉玉"（音）被用于月面月溪的命名。

　　我国探月工程第三期的任务是"回"，即在月面软着陆，采集一定数量的月岩、月壤后，返回地球。当我们掌握了月面着陆与返回的相关关键技术之后，下一步载人登月也就指日可待。有报道说我国已开展相关

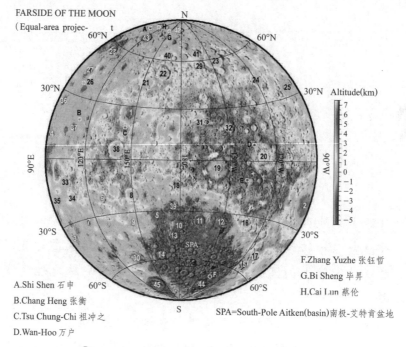

FARSIDE OF THE MOON
（Equal-area projec-t

A.Shi Shen 石申
B.Chang Heng 张衡
C.Tsu Chung-Chi 祖冲之
D.Wan-Hoo 万户

F.Zhang Yuzhe 张钰哲
G.Bi Sheng 毕昇
H.Cai Lun 蔡伦

SPA=South-Pole Aitken(basin)南极-艾特肯盆地

⬆ 在月球背面,以中国科学家名字命名的月球撞击坑

⬆ 中国的载人登月设想图(图片来源: Getty Images)

载人登月的研究工作，计划在 2030 年前后实施。

古人遥望月球，写下了无数动人的诗篇。今天的中国人正在以拼搏实干的精神，实现古人"登九天""揽月"的梦想。

不久的将来，月球上不仅仅会有中国名，还会有中国人的足迹。